山东滨海滩涂植物

张成省 辛 华 邹 平 著

中国农业科学技术出版社

图书在版编目（CIP）数据

山东滨海滩涂植物 / 张成省，辛华，邹平著 . —北京：
中国农业科学技术出版社，2017.1
ISBN 978-7-5116-2942-5

Ⅰ.①山… Ⅱ.①张… ②辛… ③邹… Ⅲ.①海涂—
植物—介绍—山东 Ⅳ.① Q948.525.2

中国版本图书馆 CIP 数据核字（2017）第 000696 号

责任编辑　姚　欢
责任校对　马广洋

出　版　者	中国农业科学技术出版社
	北京市中关村南大街 12 号　邮编：100081
电　　　话	（010）82106636（编辑室）（010）82109704（发行部）
	（010）82109702（读者服务部）
传　　　真	（010）82106631
网　　　址	http：//www.castp.cn
经　销　者	各地新华书店
印　刷　者	北京科信印刷有限公司
开　　　本	787 毫米 ×1092 毫米 1 /16
印　　　张	21.5
字　　　数	600 千字
版　　　次	2017 年 1 月第 1 版　2017 年 1 月第 1 次印刷
定　　　价	268.00 元

前　言

　　滩涂具有重要的生态和经济价值，与人类息息相关。滩涂是地球生态系统中最有生机的部分之一，蕴藏着丰富的生物资源、能源和旅游资源。滩涂是我国重要的后备土地资源，具有面积大（我国未开发利用海涂有 2.1 亿亩）、分布集中、区位条件好、农牧渔业综合开发潜力大的特点。

　　然而，当前我国滩涂开发主要以渔业和城市建设模式开展，开发模式单一、粗放，经济资源消耗高，环境破坏严重。为了实现滩涂资源的生态高值利用，2014 年依托中国农业科学院烟草研究所成立了滩涂生物资源保护利用创新团队，并于 2016 年正式纳入中国农业科学院科技创新工程管理。团队的主要目标是对接蓝色粮仓和渤海粮仓国家战略，保护滩涂珍贵植物资源，构建滩涂植物产业链和创新链，充分发挥植物资源在滩涂资源保护中的基础性和科技先导作用，实现滩涂绿色、多元和高效利用，促进社会经济发展。

　　滩涂植物具有独特的适应逆境的机制和抗逆基因资源，具有极大的开发利用价值，是人类共同的宝贵财富。然而，目前我国滩涂植物资源存在家底不清、生存环境破坏严重以及开发利用程度不高等问题，很多资源濒临灭绝，亟需得到保护。加强滩涂植物资源的保护和挖掘，充分发挥我国滩涂植物的资源优势、再生优势、循环特点和低碳潜力，有利于培育新的滩涂经济增长点，满足人民多样化需求。

　　山东具有丰富的滩涂资源，其上分布着种类繁多的植物。长期以来，广大科研工作者为滩涂植物资源开发利用开展了大量研究工作。但是，有关滩涂植物种类、分布缺乏系统的调查研究，很多信息不完整或碎片化。本书的目的在于丰富我国滩涂植物资源数据库，保护和促进滩涂植物资源的利用。全书共3章，第一章介绍了山东滨海滩涂分布与植被类型，对山东滨海滩涂植被类型种类、分布和特点做了重点介绍。第二章和第三章收录了159种滩涂植物，重点介绍了其形态、分布、特点、用途以及繁殖方式。每一物种都配有形态、生境、应用等方面的照片。我们的目的在于给读者认识、保护和开发利用滨海滩涂植物资源提供尽可能的方便。

调查范围涉及无棣、沾化、东营市河口区、垦利、广饶、寿光、昌邑、莱州、龙口、蓬莱、长岛、烟台市牟平区、威海、荣成、乳山、海阳以及青岛和日照沿海等地。受专业知识和野外调查时间的限制，本书收录的159种植物不一定能完全包括所有植物种类，本书也难免有不足和失误之处，望各方面专家和读者批评指正。

在野外考察及书稿撰写过程中，得到了同事徐建华、孟晨、赵栋霖、袁源、高婷、金尚卉以及博士后荆常亮等的支持，徐建华协助拍摄了部分照片。本书的撰写重点参考了《中国植物志》，因此在正文参考文献中不再单独列出。本书撰写过程中还得到了唐琪、刘艳菲、林威、王丹、王春晓、刘倩、潘翠平、田雪莹、董冰、吴倩等学生的协助。在此一并感谢。

著者

2016 年 12 月 17 日

目　录

第一章

山东滨海滩涂分布
与植被类型

第一节　山东滨海滩涂的分布与特点

1. 滩涂的概念

滩涂资源作为海洋资源的重要组分，是海洋开发的前沿阵地。我国海岸线蜿蜒曲折，沿岸滩涂资源丰富，是我国重要的后备土地资源之一。沿海滩涂作为一个地域概念，从不同的角度出发，也存在不同的认识与界定。狭义的定义，沿海滩涂本意是指潮间带，海岸带受海水周期性淹没的区域，即大潮高潮线与大潮低潮线之间海水周期性淹没的地带。广义的界定，则指从开发利用角度来看，沿海滩涂不仅拥有全部潮间带，还包括潮上带和潮下带可供开发利用的部分。按照这个定义，海洋滩涂实际上与海岸带概念基本一致，该区域兼有海洋和陆地两个生态系统特征，这里的植物、动物以及土壤、水等环境因素同时具有海洋环境和陆地环境的双重属性，受陆地和海洋环境的双重影响，是地球生态系统中最有生机的部分之一，但同时也是生态系统平衡非常脆弱的地带。由于沿海各地滩涂类型及其开发利用方式的不同，滩涂数量统计的上下限也就有所差异，没有统一界线。

2. 山东省海洋滩涂的分布与特点

山东海岸带地处黄、渤海之滨，地理位置北起与河北省交界的无棣县漳卫新河，南至与江苏省接壤的绣针河，包括7个地市33个县、市、区的164个乡镇，处于北纬35°04′~38°16′，东经117°42′~122°42′，海岸线全长约3 300千米，仅次于广东省，约占全国海岸线的1/6。

山东省海域面积广阔，15米等深线以浅海域1.482万平方千米，滩涂面积0.339万平方千米。山东海岸地貌类型多样，包括河口三角洲、基岩港湾、沙坝泻湖等多种类型。根据海岸地质基础、岩性、河流入海泥沙对海岸发育的影响、海岸形态与成因的差异，山东海岸在不同区域分布着粉砂淤泥质海岸、砂质海岸与基岩港湾海岸3类。

山东滨海滩涂母质受海陆双系统共同作用，土体常年湿润，自然含水量大于20%。颗粒比较粗，盐分含量高，盐分以表土层最多，下部土层少而均匀，通体以氯化钠为主。常形成滨海盐土系列，呈带状分布。滨海盐土主要分布在渤海湾和莱州湾海岸地带，构成距海20余千米的宽带，自胶莱河口向西，包括无棣、阳信、滨县、沾化、利津、垦利、广饶和寿光、寒亭、昌邑等地，此外，还有烟台市、威海市、青岛市的沿海县市。

第二节　山东滨海滩涂典型植被

山东海岸带属暖温带季风气候区，气温与降水自北向南、自西向东递增。与我国同纬度内陆相比，山东海岸带具有气候温和、湿度适中、雨量丰富的特点。植被为天然灌木植被和滨海盐生植被，其分布受生境影响明显。地势低平、受海潮侵袭的广大滩涂，土壤含盐量较高，主要分布着碱蓬（*Suaeda glauca*）和柽柳（*Tamarix chinensis*）等耐盐植物。由滩涂向内地推进，盐生碱蓬（*Suaeda salsa*）逐渐增多，同时在有柽柳种源的地方，逐渐发育成以柽柳为主的灌丛。随着地势的升高，当海拔在 3 米以上时，地表含盐量减少，形成有一定抗盐特征的一年生或多年生草甸植被。滨海滩涂植被类型少、植物群落组成简单，建群种少，盐生植被群落常与湿生植被呈复区分布，主要有碱蓬群落、柽柳群落、芦苇（*Phragmites australis*）群落、獐毛（*Aeluropus sinensis*）群落、白茅（*Imperata cylindrica*）群落以及补血草（*Limonium sinense*）群落。

碱蓬群落，属于真盐性肉质盐生植物群落类型。生境一般比较低洼，地面多有灰白色盐霜裸地，经常受到海潮浸渍，土壤湿度大，盐分较重。该群落以盐地碱蓬为建群种，种类组成比较单调，伴生植物主要是柽柳、芦苇、补血草等。

柽柳群落，主要分布于潮上带的近海滩涂，土壤为淤泥质盐土，含盐量高，有机质含量低。群落植物主要有柽柳、碱蓬、芦苇、蒿类（*Artemisia*）、补血草等。

芦苇群落，生态适应幅度极广，分布广泛，主要生境为各种河口湿洼地和滨海沼泽地，地势低洼，群落生境一般都有常年或者大部分季节性积水，土壤含盐量的变化较大。伴生种不多，主要有柽柳、补血草、碱蓬等。

獐毛群落，分布在盐地碱蓬群落外围，较零散，生境土壤比较疏松，含盐量较低，是盐渍土脱盐得到初步改良的指示性植物群落。伴生种主要有补血草、柽柳、茵陈蒿（*Artemisia capillaries*）等。

白茅群落，主要分布于黄河口新淤积平原、黄河故道缓岗地区，生境土壤含盐量较低，常形成纯群落，伴生种主要有补血草、罗布麻（*Apocynum venetum*）等。

补血草群落，常零散分布于柽柳灌丛分布区内，土壤比较湿润，群落种类组成主要有补血草、芦苇、柽柳、碱蓬、茵陈蒿等。

第三节 山东滨海滩涂植物的种类与保护利用

一、山东滨海滩涂植物的种类

广袤的山东滨海滩涂上植物种类繁多，广泛分布在潮间带湿地、砾石海岸、砂砾质海岸、砂质海岸、河口湾和河口三角洲，它们对保持滩涂生态系统结构和功能起着非常重要的作用，很多植物还具有较高的利用价值。山东滨海滩涂植物，按性状划分，可分为乔木、灌木、草本和藤本植物，以草本植物为主；按用途划分，可分为药用植物、食用植物、纤维植物、油脂植物、芳香植物、观赏植物等。

药用植物多分布于菊科（Compositae）、豆科（Leguminosae）、蓼科（Polygonaceae）、白花丹科（Plumbaginaceae）、夹竹桃科（Apocynaceae）以及伞形科（Umbelliferae）等，常见的如罗布麻、补血草、野大豆（*Glycine soja*）、珊瑚菜（*Glehnia littoralis*）。罗布麻，嫩叶可降血压、降血脂，根有强心镇静的作用；补血草，全草入药，可祛湿、清热、止血。野大豆，全草入药，有健脾益肾、止汗的功效，种子入药，可平肝、明目；珊瑚菜为著名的中药材，入药有养阴润肺，祛痰止咳等功效。野大豆和珊瑚菜还是国家重点保护野生植物。

食用植物是一些野生食用蔬菜，多分布于藜科（Chenopodiaceae）、苋科（Amaranthaceae）、菊科等，如茵陈蒿、猪毛菜（*Salsola collina*）、蒲公英（*Taraxacum mongolicum*）、盐地碱蓬、碱蓬等。盐地碱蓬也叫盐蒿子，含有大量的人体所必需的氨基酸、维生素、胡萝卜素和微量元素，营养成分丰富，可凉拌，是当地的特色菜肴；蒲公英，可生食、炒食或做汤，是药食兼用的植物。

纤维植物主要集中分布在禾本科（Gramineae）、莎草科（Cyperaceae）、锦葵科（Malvaceae）和桑科（Moraceae）等，沿海滩涂的纤维植物主要有芦苇、白茅等。芦苇生于湿地或浅水，纤维素含量高，茎可造纸、编席、做苇板等。

油脂植物主要有碱蓬、苍耳（*Xanthium sibiricum*）、草木犀（*Melilotus suaveolens*）、盐地碱蓬、野大豆等。碱蓬，滩涂盐碱地随处可见，其种子含油较多，不仅能生产出亚油酸含量高达75%以上的高档食用植物油，还可作肥皂、油漆；苍耳，种子含油达40%，其油是一种高级香料的原料，并可作油漆、油墨及肥皂硬化油等。

芳香植物主要分布于唇形科（Labiatae）、菊科和豆科等，如茵陈蒿、黄花蒿（*Artemisia annua*）、草木犀（*Melilotus suaveolens*）、益母草（*Leonurus artemisia*）等。茵陈蒿，全草含挥发油，花及果实含香豆素，具有利胆保肝、降血脂、提高免疫力等作用；黄花蒿，全草具浓郁香气，含有挥发油，亦含有青蒿素，为抗疟特效药。

观赏植物主要分布于锦葵科、菊科、禾本科等，如蜀葵（*Althaea rosea*）、狗牙根（*Cynodon dactylon*）、菊芋（*Helianthus tuberosus*）等。蜀葵、菊芋花大，艳丽；狗牙根为著名的草坪植物。

有关山东海洋滩涂植物资源系统调查尚未见报道，结合文献报道和实地调查，本书共录入滩涂植物159种，分属43科131属。这些植物大多具有重要的药用、牧草、能源、纤维、芳香、食用和观赏等价值，具有良好的开发应用潜力。

二、山东滨海滩涂植物资源保护现状

虽然山东海洋滩涂植物资源丰富，但长期以来尚未开展系统的调查研究，严重制约了资源的保护、利用和开发。且近年来，随着人口激增，沿海城市港口的开发建设和围填海规模增长过快。以环渤海地区为例，2000—2010年，围填海面积共约1 573平方千米，渤海自然岸线减少了239千米，占渤海自然岸线的26%。围填海工程直接破坏了滩涂植被和植物资源，一些植物的生存环境受到严重破坏，甚至消失，造成严重的生态灾难，滩涂植物资源生存现状令人担忧。

从滩涂植物资源利用现状来看，已被利用的植物种类、数量很少，且对于植物资源的开发主要处于原始材料的粗放挖掘阶段，开发技术含量较低；或仅对材料进行粗加工，缺乏深加工和综合利用，造成资源浪费。同时存在对植物资源的掠夺式采收，不顾资源的自然更新，无节制的采挖，造成珍稀种类濒临灭绝、植物资源流失、生态环境遭受巨大破坏。因此，充分调查和了解滩涂植物资源，保护好滩涂自然生态环境和滩涂湿地的生物多样性，协调滩涂湿地资源保护以及开发利用之间的关系是十分紧迫的问题。

三、开展滩涂植物资源保护的途径

滩涂植物是自然生态的重要组成部分，是国家重要的战略资源，是人类生存和发展的重要物质基础，它具有生态性、多样性、遗传性和可再生性等特点。此外，由于滩涂植物独特的生存环境，导致其在其他生境可能无法存活，因此，保护和合理、科学地利用滩涂植物资源是非常重要的。滩涂植物资源丰富，可广泛应用于食品、药品、保健品、材料以及城市绿化等产业，特别是在盐土农业和沿海城市绿化中更具有先天优势，而且对本地植物进行人工驯化比引进外来物种成本更低、更易取得成功。目前，对滩涂植物的保护利用途径主要包括：

①调查资源，摸清家底，明确资源种类、分布及开发利用现状。

②对滩涂植物资源进行种质搜集和保存，建立种质库和繁种圃，为滩涂植物有关的科研、开发利用奠定资源基础。

③对重要濒危滩涂植物进行原地或迁地保护，建设集科普、教育、科研、旅游和产

业开发等功能于一体的海岸带景观园林，创建滩涂生态保护与利用的模式。

④ 开发滩涂植物资源高值化利用技术，构建滩涂植物产业链，实现滩涂植物资源的保护性开发，促进资源保护与开发利用的协调发展。

参考文献

董岩，2008.茵陈蒿的化学成分和药理作用研究进展 [J]. 时珍国医国药，19(4): 874–876.

何明勋，1995.资源植物学 [M]. 上海：华东师范大学出版社.

何书金，王仰麟，罗明，等，2005.中国典型地区沿海滩涂资源开发 [M]. 北京：科学出版社.

黄仁术，2008.野大豆的资源价值及其栽培技术 [J]. 资源开发与市场，24(9): 771–772.

刘胜祥，1992.植物资源学 [M]. 武汉：武汉出版社.

刘晓峰，冯煦，王奇志，2012.盐角草属植物化学成分和药理研究进展 [J]. 中国野生植物资源，31(2): 8–11.

王玉珍，刘永信，魏春兰，2006.黄河三角洲地区濒危植物种类及其保护措施 [J]. 山东农业科学，4: 84–86.

邢尚军，郗金标，张建锋，等，2003.黄河三角洲植被基本特征及其主要类型 [J]. 东北林业大学学报，31(6): 85–86.

徐德成，1993.山东海岸带植物资源开发利用研究 [J]. 国土与自然资源研究，2：69–72.

杨树栋，2010.浅议柽柳的栽培和药用价值 [J]. 现代园艺，3: 53–54.

杨信芳，2011.罗布麻的化学成分与药用价值研究进展 [J]. 首都医药，5: 49–50.

张兵，2008.谈芦苇湿地的价值 [J]. 现代农业科技，12: 347.

张华彬，张代臻，葛宝明，等，2011.中华补血草的生药学研究 [J]. 时珍国医国药，22: 2847–2848.

张建锋，邢尚军，郗金标，等，2002.黄河三角洲可持续发展面临的环境问题与林业对策 [J]. 东北林业大学学报，30(6): 115–119.

张旭良，肖滋民，徐宗军，等，2011.黄河三角洲滨海湿地的生物多样性特征及保护对策 [J]. 湿地科学，9(2): 125–131.

张子仪，2000.中国饲学 [M]. 北京：农业出版社.

赵海林，2016.盐地碱蓬食用价值的研究 [J]. 安徽农业科学，38(26): 14350–14351.

第二章

蕨类植物门与
裸子植物门

第一节　蕨类植物门

木贼科

木贼属

问荆（*Equisetum arvense* L.）

物种别名：接续草、公母草、搂接草、空心草、马蜂草、节节草、接骨草。

分类地位：蕨类植物门，楔叶亚门，木贼纲，木贼目，木贼科，木贼属。

生境分布：生于溪边或阴谷，海拔 0~3 700 米。常见于河道沟渠旁、疏林、荒野和路边、潮湿的草地、沙土地、耕地、山坡及草甸等处。我国大部分省区均有分布，国外的日本、朝鲜、俄罗斯等也有分布。

形态性状：多年生草本；根状茎横生地下，黑褐色，地上茎由根状茎上生出，有明显的节和节间，节间常中空，表面有纵棱；枝二型，能育枝春季先萌发，常黄棕色，不分枝，顶生孢子囊穗，圆柱形，孢子散发后能育枝枯萎，不育枝后萌发，绿色，轮生分枝多；叶鳞片状，轮生，在每个节上合生成筒状的叶鞘（鞘筒）包围在节间基部，前段分裂呈齿状（鞘齿），鞘齿 3~5 个，绿色，边缘膜质，宿存。

耐盐能力：可生长于贫瘠土地，具有一定的耐盐性。

资源价值：问荆全草可作药用，具有清热利尿、凉血止血、活血化瘀等功效。研究发现，问荆的水提取物可以抑制 30 多种杂草种子的萌发，可以用来开发环保的植物源除草剂。

繁殖方式：可通过孢子进行繁殖，也可以通过地下的根状茎进行繁殖。

参考文献

顾庆龙, 2002. 问荆和节节草的生理特性的比较研究 [J]. 扬州教育学院学报，3: 29-31.

李熙灿、杨小冬, 2005. 问荆化学成分及其药理作用的研究进展 [J]. 辽宁中医学院学报，7(6): 633-635.

张宏军、赵长山, 2002. 多年生杂草问荆生物学特性的研究进展 [J]. 杂草科学，2: 6-9.

郑景瑶、岳中辉、田宇，等, 2014. 问荆水浸液对小麦种子萌发及幼苗生长的化感效应初探 [J]. 草业学报，23(3): 191-196.

问荆与砂引草、打碗花等植物混生

问荆植株

第二节 裸子植物门

松科

松属

黑松（*Pinus thunbergii* Parl.）

物种别名：白芽松。

分类地位：裸子植物门，松柏纲，松柏目，松科，松亚科，松属，双维管束松亚属。

生境分布：喜光，耐干旱瘠薄，不耐水涝，适生于温暖湿润的海洋性气候区域。原产日本及朝鲜南部海岸地区。中国旅顺、大连、山东沿海地带和蒙山山区以及武汉、南京、上海、杭州等地引种栽培。

形态性状：常绿乔木，高可达 30 米；树皮裂成块片脱落；枝条开展，树冠宽圆锥状或伞形；冬芽银白色，圆柱状椭圆形或圆柱形，顶端尖；针叶，2 针一束，深绿色，粗硬，边缘有细锯齿，背腹面均有气孔线，内有树脂道；雄球花聚生于新枝下部，淡红褐色，圆柱形；雌球花单生或 2~3 个聚生于新枝近顶端，直立，有梗，卵圆形，淡紫红色或淡褐红色；球果成熟前绿色，熟时褐色，圆锥状卵圆形或卵圆形，有短梗，向下弯垂；种子倒卵状椭圆形，种翅灰褐色，有深色条纹；花期 4—5 月，种子第二年 10 月成熟。

耐盐能力：耐海雾，抗海风，可在海滩盐土地方生长，具有一定耐盐性。

资源价值：观赏价值较高，为著名的海岸绿化树种，可用作防风、防潮及海滨浴场的风景林、行道树或庭荫树；亦是园林绿化中使用较多的优秀苗木，绿化效果好，恢复速度快，价格低廉；还可用于制作盆景；树干高大，纹理美观，可用于建筑及家具；种子可榨油；可从全株提取树脂，采收松花粉等。

繁殖方式：生产上以播种育苗为主。

参考文献

韩广轩，王光美，毛培利，等，2010. 山东半岛北部黑松海防林幼龄植株更新动态及其影响因素 [J]. 林业科学，46(12): 158-164.

张丹，李传荣，许景伟，等，2011. 沙质海岸黑松分枝格局特征及其抗风折能力分析 [J]. 植物生态学报，35(9): 926-936.

王晓丽，王媛，石洪华，等，2013. 山东省长岛县南长山岛黑松和刺槐人工林的碳储量 [J]. 应用生态学报，24(5): 1263-1268.

植株

大风河入海口的黑松

雌球果

黑松的大小孢子叶球

第三章

被子植物门

第一节　双子叶植物纲

（一）榆科

榆树（*Ulmus pumila* L.）

物种别名：家榆、白榆、钻天榆、钱榆、长叶家榆、黄药家榆。

分类地位：被子植物门，双子叶植物纲，金缕梅亚纲，荨麻目，榆科，榆属，榆组。

生境分布：喜光，耐旱，耐寒，耐瘠薄，适应性很强。分布于东北、华北、西北及西南各省区。长江下游各省有栽培。也为华北及淮北平原农村的习见树木。

形态性状：落叶乔木，高达 25 米，在干瘠之地可长成灌木状；树皮暗灰色，粗糙，不规则深纵裂；叶椭圆状卵形、长卵形、椭圆状披针形或卵状披针形，先端渐尖或长渐尖，基部偏斜或近对称，叶面平滑无毛，边缘具重锯齿或单锯齿，叶柄长 4~10 毫米；花簇生，先叶开放，花梗极短；翅果近圆形，果核部位于翅果的中部，成熟前后其色与果翅相同，初淡绿色，后白黄色。花果期 3—6 月（东北较晚）。

耐盐能力：榆树在一定程度上可耐土壤含盐碱量浓度为 0.6%。

资源价值：常见的绿化树种，抗城市污染能力强，尤其对氟化氢及烟尘有较强的抗性；木材坚实耐用，是造船、建筑、室内装修地板、家具的优良用材；树皮纤维强韧，可作人造棉和造纸原料；叶含淀粉及蛋白质，可作饲料；皮、叶、果可入药，具有安神的作用；幼嫩翅果与面粉混拌可蒸食。

繁殖方式：主要采用播种繁殖，也可用扦插法繁殖。

参考文献

魏薇，2013. 金叶榆和白榆耐盐性的研究 [J]. 现代园艺，13: 12.

李庆贱，2010. 白榆家系苗期耐盐碱对比试验与优良家系选择 [D]. 北京：北京林业大学.

榆树与野大豆混生

榆树植株

榆树的花

榆树的果实

（二）桑科

葎草属

葎草 [*Humulus scandens* (Lour.) Merr.]

物种别名： 勒草、黑草、葛葎蔓、葛勒蔓、来毒草、葛葎草、涩萝蔓、割人藤、苦瓜藤、锯锯藤、拉拉秧、五爪龙、大叶五爪龙。

分类地位： 被子植物门，双子叶植物纲，荨麻目，桑科，大麻亚科，葎草属。

生境分布： 常生于荒地、废墟、林缘、沟边等地，喜半阴、耐寒、抗旱，国内除新疆、青海外，其余各省区均有分布。国外的日本、越南也有分布。

形态性状： 一年或多年生缠绕草本；茎和叶柄上密生倒钩刺；叶对生，纸质，具长柄，掌状 5~7 裂，基部心形，表面粗糙，背面有柔毛和黄色腺体，叶缘有锯齿；花单性，雌雄异株，花小，雄花序呈圆锥花序，雌花序球果状，苞片具白色茸毛；瘦果成熟时露出苞片。花果期 5—10 月。

耐盐能力： 可生长于海滨滩涂区域，具有一定的耐盐能力。

资源价值： 植株幼嫩时可作为食草动物饲料；全株可入药，具有清热解毒、利尿消肿的功效，外用可治疗痈疖肿毒、湿疹、毒蛇咬伤等；茎叶的乙醇浸提液对革兰氏阳性菌具有明显的抑制作用；抗逆性强，可用作水土保持植物。

繁殖方式： 主要通过种子进行繁殖。

参考文献

陈再兴，孟舒，2011. 葎草研究进展 [J]. 中国药事，25(2): 175–179.

徐博，金英今，王一涵，等，2014. 葎草茎叶化学成分研究 [J]. 中草药，45(9): 1 228–1 231.

邹素华，刘太宇，2010. 葎草不同生长月份营养成分及总黄酮含量的动态变化 [J]. 中国畜牧兽医，5: 21–25.

沙滩前沿生长的葎草

葎草、柽柳和野大豆混生

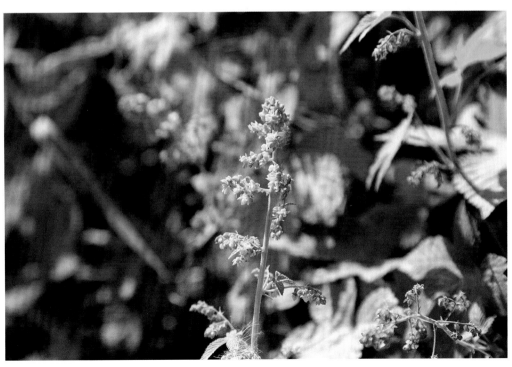

葎草的雄花

（三）蓼科

1. 酸模属

（1）巴天酸模（*Rumex patientia* L.）

物种别名：洋铁叶、洋铁酸模、牛舌头棵。

分类地位：被子植物门，双子叶植物纲，原始花被亚纲，蓼目，蓼科，酸模亚科，酸模族，酸模属。

生境分布：生沟边湿地、水边，海拔 20~4 000 米。国内主要分布于东北、华北、西北、山东、河南、湖南、湖北、四川及西藏。国外的高加索、哈萨克斯坦、俄罗斯、蒙古及欧洲也有分布。

形态性状：多年生草本，根肥厚；茎直立，粗壮，可达 150 厘米，上部分枝，具深沟槽；基生叶长圆形或长圆状披针形，顶端急尖，基部圆形或近心形，边缘波状；茎上部叶披针形，较小，具短叶柄或近无柄；托叶鞘筒状，膜质，易破裂；大型圆锥花序；花被片 2 轮，外轮 3 片花被片长圆形，内轮 3 片花被片果时增大，宽心形，边缘近全缘，具小瘤；瘦果卵形，具 3 锐棱，顶端渐尖，褐色，有光泽。花期 5—6 月，果期 6—7 月。

耐盐能力：可在近海沙滩上生长，有一定的耐盐性。

资源价值：巴天酸模嫩茎和叶中粗蛋白和粗脂肪含量较高，可作为优良的饲用植物；根和叶可入药，有清热解毒、凉血止血、通便杀虫之功效，具有较高的药用价值；对污水中的 N 和 Zn^{2+} 有明显的清除作用，能够用于污水处理，是一种生态效益较高的污水净化经济植物。

繁殖方式：主要通过种子进行繁殖。

参考文献

高黎明，魏小梅，郑尚珍，等，2002.巴天酸模中化学成分的研究 [J]. 中草药，33（3）：207–209.

王心龙，2014.赤芝和巴天酸模化学成分研究 [D]. 郑州：河南中医学院 .

张义科，1991 巴天酸模生理生态学特性的研究 [J]. 草业科学，3：6.

巴天酸模幼苗

巴天酸模是滨海沙滩前沿常见植物

巴天酸模成株

（2）羊蹄（*Rumex japonicus* Houtt.）

物种别名：土大黄、牛舌头、野菠菜、羊蹄叶、羊皮叶子。

分类地位：被子植物门，双子叶植物纲，原始花被亚纲，蓼目，蓼科，酸模亚科，酸模族，酸模属，巴天酸亚属。

生境分布：生田边路旁、河滩、沟边湿地，海拔 30~3 400 米，喜凉爽、湿润的环境，能耐严寒，国内主要分布于中国东北、华北、陕西、华东、华中、华南、四川及贵州。国外的朝鲜、日本、俄罗斯也有分布。

形态性状：多年生草本；茎直立，具沟槽，上部分枝；基生叶长圆形或披针状长圆形，顶端急尖，基部圆形或心形，边缘微波状，茎上部叶狭长圆形，托叶鞘膜质，易破裂；花序圆锥状，多花轮生；花被片淡绿色，外轮 3 片花被片椭圆形，内轮 3 片花被片果时增大，顶端渐尖，边缘具不整齐的小齿，具长卵形小瘤；瘦果宽卵形，具 3 锐棱，暗褐色。花期 5—6 月，果期 6—7 月。

耐盐能力：可生长于海滨沙地，具有一定的耐盐性。

资源价值：根可入药，味苦、性寒，有杀虫、活血止血、清热解毒的功效，常用于皮肤病、疥癣、各种出血及炎症；根水煎液在体外对金黄色葡萄球菌、炭疽杆菌、乙型溶血性链球菌和白喉杆菌有不同程度的抑制作用。

繁殖方式：主要通过种子进行繁殖。

参考文献

郑水庆，陈万生，2000. 中药羊蹄化学成分的研究（Ⅰ）[J]. 第二军医大学学报，21(10): 910–913.

周雄，宣利江，2006. 中药羊蹄的化学成分及药理作用研究概况 [J]. 浙江中医杂志，41(3): 180–182.

羊蹄植株和花被片

2. 蓼属

（1）萹蓄（*Polygonum aviculare* L.）

物种别名：粉节草、道生草、扁蔓、蚂蚁草、猪圈草、桌面草、路边草、七星草、铁片草、竹节草、妹子草、大铁马鞭、地蓼、牛鞭草。

分类地位：被子植物门，双子叶植物纲，石竹亚纲，蓼目，蓼科，蓼亚科，蓼族，蓼属，萹蓄组。

生境分布：生长于田野路旁、荒地及河边等处，海拔 10~4 200 米，全国各地均有分布。

形态性状：一年生草本；茎自基部多分枝，平卧、上升或直立，具纵棱；叶椭圆形、狭椭圆形或披针形，顶端钝圆或急尖，基部楔形，全缘，叶柄短或近无柄，托叶鞘膜质，下部褐色，上部白色；花单生或数朵簇生于叶腋，花被 5 深裂，花被片椭圆形，绿色，边缘白色或淡红色，雄蕊 8，花柱 3；瘦果卵形，具 3 棱，黑褐色，密被由小点组成的细条纹，稍超过或与宿存的花被近等长。花期 5—7 月，果期 6—8 月。

耐盐能力：可生长于海滨沙地，具有一定的耐盐能力。

资源价值：萹蓄为常用中药，具有清热利尿、解毒驱虫、消炎、止泻等功效；幼嫩茎叶可食或作饲料；萹蓄提取物对细菌和真菌具有较好的抑菌作用，可从中开发出抑菌的天然药物或农药；另外，萹蓄中含有丰富的黄酮类成分，黄酮类化合物是天然的抗氧化剂，可开发为药物、食品、化妆品等的添加剂，应用前景广阔。

繁殖方式：主要通过种子进行繁殖。

参考文献

许福泉，刘红兵，罗建光，等，2010. 萹蓄化学成分及其归经药性初探 [J]. 中国海洋大学学报（自然科学版），40(3): 101–104,110.

代容春，何文锦，刘萍，等，2003. 萹蓄总黄酮提取方法的比较 [J]. 植物资源与环境学报，12(3): 53–54.

徐燕，李曼曼，刘增辉，等，2012. 萹蓄的化学成分及药理作用研究进展 [J]. 安徽农业大学学报，5: 34.

萹蓄在沙滩上常自成群落

萹蓄幼苗

萹蓄成株

萹蓄的花

（2）西伯利亚蓼（*Polygonum sibiricum* Laxm.）

物种别名：剪刀股、野茶、驴耳朵、牛鼻子、鸭子嘴。

分类地位：被子植物门，双子叶植物纲，蓼目，蓼科，蓼亚科，蓼族，蓼属，分叉蓼组。

生境分布：生于盐碱荒地或砂质含盐碱土壤，国内主要分布于黑龙江、吉林、辽宁、内蒙古、河北、山西、甘肃、山东、江苏、四川、云南和西藏等地。

形态性状：多年生草本；地下具细长的根状茎；茎自基部分枝，斜上或近直立；叶稍肥厚，互生，有短柄，披针形或长椭圆形，先端急尖或钝，基部戟形或楔形，边缘全缘，托叶鞘筒状，膜质；圆锥花序顶生，花稀疏排列，每一苞片内通常4~6朵花；花被黄绿色，5深裂；瘦果椭圆形，有3棱，黑色。花果期6—9月。

耐盐能力：为盐碱地的优势种群。具有很强的耐盐碱性，能在盐碱地碱斑上生长，用3%NaHCO$_3$连续浇灌一个月以上仍可正常生长。

资源价值：具有强的耐盐碱性，可作为耐盐碱基因的供体材料；根茎可入药，味微辛、苦，微寒，具有疏风清热，利水消肿的功效，主治目赤肿痛、皮肤湿痒、水肿、腹水等。

繁殖方式：主要通过种子进行繁殖。

参考文献

吕艳芳，王大海，刘关君，等，2006. 盐碱胁迫下西伯利亚蓼体内无机离子的变化[J]. 广西植物，26(3): 304–307.

王晓云，王洪玲，张亚梅，等，2015. 西伯利亚蓼醇提物对高尿酸血症小鼠尿酸生成和排泄的影响研究[J]. 中药新药与临床药理，26(5): 626–631.

沙滩上的西伯利亚蓼群落

西伯利亚蓼植株

西伯利亚蓼的花序

（四）藜科

1. 碱蓬属

（1）碱蓬 [*Suaeda glauca* (Bunge) Bunge]

物种别名：老虎尾、和尚头、猪尾巴、盐蒿。

分类地位：被子植物门，双子叶植物纲，中央种子目，藜科，螺胚亚科，碱蓬族，碱蓬属，柄花组。

生境分布：生于海滨、荒地、渠岸、田边等含盐碱的土壤上，国内主要分布于黑龙江、内蒙古、河北、山东、江苏、浙江、河南、山西、陕西、宁夏、甘肃、青海、新疆南部等地。国外的蒙古、朝鲜、日本等也有分布。

形态性状：一年生草本，高可达 1 米；茎直立，上部多分枝，浅绿色，有条棱；叶肉质，丝状条形，半圆柱状，宽约 1.5 毫米，先端微尖；花单生或 2~5 朵集生于叶的近基部处；花被黄绿色，花被片 5 裂，果时增厚，使花被略呈五角星状，干后变黑色，雄蕊 5；胞果包在花被内，果皮膜质；种子黑色。花果期 7—9 月。

耐盐能力：属肉质化真盐生植物，通过稀释的方式使吸收到体内的盐分不致发生毒害，从而体现出较高的耐盐性。

资源价值：幼嫩茎叶可食；种子可榨油，供工业用；全草入药，具有清热、消积等功效；对重金属有一定的耐受性和富集能力，可用于净化水质。

繁殖方式：用种子进行繁殖。

参考文献

陈雷，杨亚洲，郑青松，等，2014. 盐生植物碱蓬修复镉污染盐土的研究 [J]. 草业学报，23(2): 171–179.

袁华茂，李学刚，李宁，等，2011. 碱蓬（*Suaeda salsa*）对胶州湾滨海湿地重金属的富集与迁移作用 [J]. 海洋与湖沼，42(5): 676–683.

张爱琴，庞秋颖，阎秀峰，2013. 碱蓬属植物耐盐机理研究进展 [J]. 生态学报，33(12): 3575–3583.

张立宾，徐化凌，赵庚星，2007. 碱蓬的耐盐能力及其对滨海盐渍土的改良效果 [J]. 土壤，39(2): 310–313.

碱蓬植株

碱蓬是近岸滩涂重要建群物种

碱蓬的果实

碱蓬的花序

（2）盐地碱蓬 [*Suaeda salsa* (L.) Pall.]

物种别名：翅碱蓬、碱葱、黄须菜、黄蓿菜、皇席菜、碱蓬草、黄茎菜、碱蓬棵。

分类地位：被子植物门，双子叶植物纲，中央种子目，藜科，螺胚亚科，碱蓬族，碱蓬属，无脉组。

生境分布：生于盐碱土上，在海滩及湖边常形成单种群落，广泛分布于我国东北、华北和西北等地。另外在欧洲及亚洲的其他地区也有分布。

形态性状：一年生草本，株高 20~80 厘米；茎直立，绿色或紫红色，圆柱状，有微条棱，分枝多集中于茎的上部；叶肉质，条形，半圆柱状，先端尖或微钝，无柄；通常 3~5 朵花生于叶腋，在分枝上排列成有间断的穗状花序；花被 5 裂，裂片卵形，果时背面稍增厚；胞果包于花被内，果皮膜质，果实成熟后常常破裂而露出种子；种子双凸镜形或歪卵形，黑色，有光泽。花果期 7—10 月。

耐盐能力：为肉质化真盐生植物，可作为盐碱地的指示植物。

资源价值：幼嫩的茎叶为具有很高营养价值的蔬菜；茎叶和种子蛋白含量高，可做牲畜饲料；种子富含不饱和脂肪酸、维生素和微量元素，对人体具有重要的保健作用，在医药等方面具有重要的药用价值；盐地碱蓬对海滨盐渍土壤具有明显的修复作用。总之，盐地碱蓬的研究利用，对开发丰富的沿海滩涂资源，发展滩涂农业，改良盐碱地，保护和改善生态环境均具有十分重要的作用。

繁殖方式：主要以种子进行繁殖。

参考文献

李存桢，刘小京，杨艳敏，等，2005.盐胁迫对盐地碱蓬种子萌发及幼苗生长的影响 [J]. 中国农学通报，21(5): 209–212.

王小芬，2007.盐地碱蓬遗传多样性的 RAPD 和 ISSR 分析 [D]. 济南：山东师范大学.

周家超，2014.盐地碱蓬二型性种子对盐渍环境的适应 [D]. 济南：山东师范大学.

盐地碱蓬是近海滩涂主要建群物种

盐地碱蓬是潮间带植物群落主要建群物种

盐地碱蓬幼苗

盐地碱蓬成株

盐地碱蓬的果实

2. 盐角草属

盐角草 (*Salicornia europaea* L.)

物种别名： 海胖子。

分类地位： 被子植物门，双子叶植物纲，中央种子目，藜科，环胚亚科，盐角草族，盐角草属。

生境分布： 文献记载在黄河三角洲地区或海滨有分布，实地调查未发现有野生盐角草分布。

形态性状： 一年生草本植物，高 10~35 厘米；茎直立，肉质，多分枝，枝对生，苍绿色；叶不发育，鳞片状；穗状花序，花腋生，每苞叶内聚生 3 朵花，中间的花较大，花被肉质，雄蕊伸出花被；胞果包于花被内；种子长圆形，有钩状刺毛。花果期 7—9 月。

耐盐能力： 属肉质化真盐生植物。在 3% 和 5%NaCl 盐水灌溉区生长最快，能够忍耐 8% 以上的盐分胁迫，是地球上迄今为止报道的最耐盐的植物之一。

资源价值： 盐角草是一种重要的耐盐基因供体，可广泛应用于各种农作物和生态工程植物的耐盐性遗传工程改良工作，广泛用于盐碱地的综合改良；植株蛋白质组成良好，饲喂试验表明，可显著改善肉类品质，可作为普通饲料作物无法正常生长的盐碱地区和沿海滩涂地区潜在的饲料作物资源；种子脂类含量高且组成好，可望开发成油料作物；盐角草植株含有大量灰分，可作为提炼钠盐等化学品的原料。

繁殖方式： 主要通过种子进行繁殖。

参考文献

商玲，2013.盐角草钾离子通道蛋白基因 *SeAKT*1 的克隆与表达 [D].大连：大连理工大学.

赵惠明，2004.盐生植物盐角草的资源特点及开发利用 [J].科技通报，20（2）：167–171.

盐角草（图片引自网络）

3. 地肤属

碱地肤 [*Kochia scoparia* (L.) Schrad. var. *sieversiana* (Pall.) Ulbr. ex Aschers. et Graebn.]

物种别名： 地肤子（果实）。

分类地位： 被子植物门，双子叶植物纲，原始花被亚纲，中央种子目，藜科，环胚亚科，樟味藜族，地肤属。

生境分布： 生于山沟湿地、河滩、路边、海滨等处。盐碱化、荒漠地带常见分布。国内主要分布于东北、华北、西北等省区。国外的俄罗斯、蒙古也有分布。

形态性状： 一年生草本，高 50~100 厘米；茎直立，有多条棱，淡绿色或带紫红色；叶互生，披针形或条状披针形，通常有 3 条明显的主脉，先端短渐尖；花 1~3 朵集生于叶腋，花下有较密的束生锈色柔毛；花被片 5；胞果扁球形，包于花被内；种子卵形，黑褐色。花期 6—9 月，果期 7—10 月。

耐盐能力： 有一定的耐盐碱性能，在 0.19%~0.87%NaCl 的土壤中能正常生长，是碱斑上主要的先锋植物。

资源价值： 碱地肤的耐盐碱性强，可作为重度盐碱地植被恢复的草种之一；幼嫩茎叶可食，亦可作饲料；果实及全草入药，果实称"地肤子"，有清热、祛风、利尿、止痒的功效，外用可治疗皮癣，湿疹；种子含油 15% 左右，供食用或工业用，是一种潜在的油料作物。

繁殖方式： 主要通过种子进行繁殖。

参考文献

麻莹，曲冰冰，郭立泉，等，2007. 盐碱混合胁迫下抗碱盐生植物碱地肤的生长及其茎叶中溶质积累特点 [J]. 草业学报，16(4): 25-33.

颜宏，2006. 碱地肤抗盐碱生理生态机制研究 [D]. 长春：东北师范大学.

郑慧莹，沈全光，阎田，1998. 碱地肤的生态，生理适应性及其群落特征 [J]. 植物生态学报，22(1): 1-7.

碱地肤是重度盐碱地常见物种

碱地肤幼苗

碱地肤的花序

碱地肤成株

4. 滨藜属

（1）滨藜 [*Atriplex patens* (Litv.) Iljin]

物种别名：碱灰菜、嘎古代、尖叶落藜、绍日乃。

分类地位：被子植物门，双子叶植物纲，原始花被亚纲，中央种子目，藜科，环胚亚科，滨藜族，滨藜属。

生境分布：多生长于海滨、轻度盐碱湿草地和沙土地，国内主要分布于宁夏、黑龙江、吉林、甘肃、陕西、新疆、河北、内蒙古、辽宁、青海等地，国外的西伯利亚、中亚、东欧也有分布。

形态性状：一年生草本，高 20~60 厘米；茎通常上部分枝，具绿色色条及条棱；叶互生，或在茎基部近对生，叶片披针形至条形，稍肥厚，先端渐尖或微钝，基部渐狭，边缘具不规则的弯锯齿或微锯齿，有时几全缘；花序穗状，或有短分枝，通常紧密；花单性，雌雄同株；雄花花被 4~5 裂，雄蕊与花被裂片同数；雌花有 2 苞片，果期菱形至卵状菱形，表面有粉，有时靠上部具疣状小凸起；胞果藏于苞片内；种子扁平，黑色或红褐色，有细点纹；花果期 8—10 月。

耐盐能力：属泌盐植物，能够耐受较高的盐浓度。

资源价值：滨藜具有较好的耐干旱、耐盐碱能力，常作为垦荒、退化牧场改良、含盐量高的荒漠地带植被恢复以及水土保持的先锋种。

繁殖方式：主要通过种子进行繁殖，也可通过扦插进行繁殖。

参考文献

侯旭光，赵可夫，1999. 非盐生植物棉花和盐生植物滨藜的盐害机理 [J]. 山东大学学报：自然科学版，34(2): 230–235.

胡生荣，2008. 三种滨藜的旱盐逆境胁迫及其引种适应性评价 [D]. 呼和浩特：内蒙古农业大学.

赵可夫，范海，2000. 盐胁迫下真盐生植物与泌盐植物的渗透调节物质及其贡献的比较研究 [J]. 应用与环境生物学报，6(2): 99–105.

滨藜是滩涂常见物种，常与碱蓬混生

滨藜成株

滨藜的果实

（2）中亚滨藜（*Atriplex centralasiatica* Iljin.）

物种别名：软蒺藜、碱灰菜。

分类地位：被子植物门，双子叶植物纲，原始花被亚纲，中央种子目，藜科，环胚亚科，滨藜族，滨藜属。

生境分布：生于戈壁、荒地、海滨及盐土荒漠，有时也侵入田间。国内主要分布在内蒙古、陕西、辽宁、山西、青海、吉林、西藏、新疆、宁夏、河北、甘肃等地，国外的西伯利亚、蒙古、中亚也有分布。

形态性状：一年生草本，高 15~30 厘米；茎通常自基部分枝，枝钝四棱形，黄绿色；叶有短柄，枝上部的叶近无柄，叶片卵状三角形至菱状卵形，边缘具疏锯齿，近基部的 1 对锯齿较大而呈裂片状，上面灰绿色，下面灰白色，有密粉；花单性，雌雄同株，腋生团伞花序；雄花花被 5 深裂，裂片宽卵形；雌的苞片近半圆形至平面钟形，果期近基部的中心部膨胀并木质化，表面具多数疣状或肉棘状附属物，边缘具不等大的三角形牙齿；胞果扁平，宽卵形或圆形，白色；种子直立，红褐色或黄褐色。花期 7—8 月，果期 8—9 月。

耐盐能力：属泌盐植物，泌盐过程依靠盐囊泡来完成。耐盐范围在 1%~1.5%NaCl，种子在 NaCl 浓度 <0.9% 的溶液中可正常发芽。

资源价值：中亚滨藜生长于盐碱地，可以吸收土壤中的盐分，起到改良盐碱地的作用；从分枝期到开花前的阶段茎叶幼嫩，纤维素少，可作为饲用植物；果实入药，称"软蒺藜"，能祛风、明目、疏肝解郁，治目赤多泪、头目眩晕、皮肤风痒、湿疹、疮疖、胸胁不舒、乳闭不通等症。

繁殖方式：主要通过种子进行繁殖。

参考文献

刘玉新，张立宾，崔宏伟，2006. 中亚滨藜的耐盐性及其对滨海盐渍土的改良效果研究 [J]. 山东农业大学（自然科学版），37(2): 167–171.

王玉珍，侯相山，2005. 盐生植物 – 中亚滨藜的研究及用途 [J]. 中国野生植物资源，24(1): 36–37.

杨美娟，杨德奎，李法曾，2009. 中亚滨藜盐囊泡对 NaCl 胁迫的响应 [J]. 湖北农业科学，48(4): 894–896.

中亚滨藜是沙滩前沿植物

中亚滨藜成株

中亚滨藜果实外的苞片

5. 虫实属

软毛虫实（*Corispermum puberulum* Iljin.）

物种别名：老母鸡窝、棉蓬、砂林草、乌苏图－哈麻哈格。

分类地位：被子植物门，双子叶植物纲，原始花被亚纲，中央种子目，藜科，环胚亚科，虫实族，虫实属。

生境分布：为中国的特有植物。生于河边沙地及海滨沙滩，分布于中国黑龙江、山东等地。

形态性状：一年生草本，高 15~35 厘米，全株被星状毛；茎直立，圆柱形，分枝多集中于茎基部，最下部分枝较长，上部分枝较短；叶条形，先端渐尖具小尖头，基部渐狭，1 脉；穗状花序顶生和侧生，圆柱形或棍棒状，紧密，直立或略弯曲；苞片具白膜质边缘，掩盖果实；花被片 1~3，雄蕊 1~5，较花被片长；胞果背腹扁，有毛，具翅，果喙明显，果翅薄，不透明，边缘具不规则细齿，果核椭圆形，背部有时具少数瘤状突起或深色斑点。花果期 7—9 月。

耐盐能力：具有较强的耐盐能力，可生长于海边沙滩。

资源价值：可作为良好的牧草资源；全株入药，性凉、微苦，具有清湿热，利小便的功效，主治小便不利、热涩疼痛、黄疸等病症；具有较强的耐干旱能力，能起到防风固沙的作用。

繁殖方式：主要通过种子进行繁殖。

参考文献

薛树媛，金海，郭雪峰，等，2007. 内蒙古荒漠草原优势牧草营养价值评价 [J]. 中国草地学报，29(6): 22–27.

徐婉娴，方其英，卢心固，1980. 安徽省砂生植被与盐生植被的调查 [J]. 安徽农学院学报，2: 14.

软毛虫实植株

软毛虫实的花序

6. 藜属

（1）灰绿藜（*Chenopodium glaucum* L.）

物种别名：黄瓜菜、山芥菜、山菘菠、山根龙、盐灰菜。

分类地位：被子植物门，双子叶植物纲，原始花被亚纲，中央种子目，藜科，环胚亚科，藜族，藜属，灰绿藜组。

生境分布：生于农田边、水沟旁、平原荒地、山间谷地等。国内除台湾、福建、江西、广东、广西、贵州、云南等省区外，其他各地都有分布。广泛分布于全球温带地区。

形态性状：一年生草本，高10~45厘米；茎平铺或斜升，有暗绿色或紫红色条纹；叶肥厚，互生，椭圆状卵形至披针形，顶端急尖或钝，边缘有缺刻状牙齿，表面绿色，背面灰白色，密被粉粒，中脉明显；通常数花聚成团伞花序；花被裂片3~4，浅绿色，长不及1毫米；胞果顶端露出花被片，黄白色；种子扁圆，暗褐色或红褐色。花果期5—10月。

耐盐能力：有较高的耐盐性，低浓度的盐溶液能够促进种子的萌发，NaCl和KCl浓度达到400 mmol/L时种子的萌发率仍在90%以上。

资源价值：幼嫩茎叶可食或作饲料；在盐碱地种植灰绿藜，可以降低土壤含盐量并增加土壤有机质含量，因此灰绿藜可以作为改良盐碱土壤的一种潜在的经济植物。

繁殖方式：主要通过种子进行繁殖。

参考文献

陈莎莎，姚世响，袁军文，等，2010. 新疆荒漠地区盐生植物灰绿藜种子的萌发特性及其对生境的适应性 [J]. 植物生理学通讯，1: 75–79.

古丽内尔·亚森，杨瑞瑞，曾幼玲，2014. 混合盐碱胁迫对灰绿藜（*Chenopodium glaucum* L.）种子萌发的影响 [J]. 生态学杂志，33(1): 76–82.

王璐，蔡明，兰海燕，2015. 藜科植物藜与灰绿藜耐盐性的比较 [J]. 植物生理学报，51(11): 1846–1854.

灰绿藜是常见沙滩前沿植物

沙滩上的灰绿藜群落

灰绿藜植株

（2）藜（*Chenopodium album* L.）

物种别名：落藜、胭脂菜、灰藜、灰藜头草、灰藜、灰菜、灰条。

分类地位：被子植物门，双子叶植物纲，石竹亚纲，石竹目，藜科，藜属。

生境分布：生于路旁、荒地、田间或有轻度盐碱的土地上。我国各地均有分布。广泛分布于全球。

形态性状：一年生草本；茎直立，粗壮，具条棱及绿色或紫红色色条，多分枝；叶片菱状卵形至宽披针形，先端急尖或微钝，基部楔形至宽楔形，下面多少有粉，边缘具不整齐锯齿，叶柄与叶片近等长；花簇生于枝上部，排列成穗状圆锥状或圆锥状花序；花被裂片5，宽卵形至椭圆形，有粉，边缘膜质，雄蕊5，花药伸出花被，柱头2；胞果，果皮与种子贴生；种子黑色，表面具浅沟纹。花果期5—10月。

耐盐能力：实验室条件下，藜能够耐受300 mmol/L NaCl胁迫，属于耐盐植物。

资源价值：幼嫩茎叶可食或作饲料；全草入药，具有清热利湿、杀虫止痒、利尿、通便、增加平滑肌运动的功效；耐盐性较强，是一种具有潜在经济价值并有望用于改良盐碱地的物种。

繁殖方式：主要通过种子进行繁殖。

参考文献

刘松艳，张沐新，吴月红，等，2011. 藜中黄酮类的化学成分 [J]. 吉林大学学报：理学版，49(1)：149–152.

吕秀云，油天钰，赵娟，等，2012. 盐胁迫下藜的形态结构与生理响应 [J]. 植物生理学报，48(5)：477–484.

藜的植株

藜的叶片

藜的花序

（3）细穗藜（*Chenopodium gracilispicum* Kung）

分类地位：被子植物门，双子叶植物纲，原始花被亚纲，中央种子目，藜科，环胚亚科，藜族，藜属。

生境分布：生于山坡、草地、林缘、河边等处。广泛分布于浙江、江苏、山东东部、江西、广东、湖南、湖北、河南、四川、陕西、甘肃南部等地区。

形态性状：一年生草本，高 40~70 厘米；茎直立，圆柱形，具条棱及绿色色条，上部有稀疏的细瘦分枝；叶片菱状卵形至卵形，先端急尖或短渐尖，基部宽楔形，下面灰绿色，叶全缘或近基部的两侧各具 1 钝浅裂片；花通常 2~3 个团集，间断排列于细枝上构成穗状花序；花被 5 深裂，背面中心稍肉质并具纵龙骨状突起，边缘膜质，雄蕊 5，着生于花被基部；胞果双凸镜形，果皮与种子贴生；种子黑色，有光泽，表面具明显的洼点。花期 7 月，果期 8 月。

耐盐能力：可生长于海滨沙地，具有一定的耐盐性。

资源价值：耐盐植物，对于藜科植物耐盐机理的研究有重要意义；同时含有生物碱、萜类等次生代谢物，具有抗血栓、镇痛、抗菌等生物活性，具有很大的发展潜力。

繁殖方式：主要通过种子进行繁殖。

参考文献

王春海，2015. 中国藜属及近缘属植物的系统学研究 [D]. 曲阜：曲阜师范大学 .

庄翠珍，杜凡，刘宁，等，2011. 怒江中游西藏境内干旱河谷荒漠植被特征 [J]. 植物分类与资源学报，33(4):433-442.

细穗藜是沙滩前沿常见植物

细穗藜植株

细穗藜的花序

7. 猪毛菜属

（1）刺沙蓬（*Salsola ruthenica* Iljin.）

物种别名：刺蓬、大翅猪毛菜、扎蓬棵、风滚草。

分类地位：被子植物门，双子叶植物纲，原始花被亚纲，中央种子目，藜科，螺胚亚科，猪毛菜族，猪毛菜属。

生境分布：生于砾质戈壁、河谷砂地及海边。国内主要分布于华北、东北、西北、江苏、西藏、山东等地。国外的蒙古、俄罗斯也有分布。

形态性状：一年生草本，高30~100厘米；茎直立，自基部分枝，有白色或紫红色条纹；叶片半圆柱形或圆柱形，顶端有刺状尖，基部扩展，扩展处的边缘为膜质；花序穗状，生于枝条的上部；花被片长卵形，膜质，背面有1条脉，果时变硬，自背面中部生翅，翅3个较大，肾形或倒卵形，膜质，无色或淡紫红色；胞果球形，为花被片包覆。花期8—9月，果期9—10月。

耐盐能力：对干旱、贫瘠、盐碱化的沙漠环境有一定的适应机制，能够耐受一定的盐渍环境。

资源价值：是荒漠植物群落的重要组成成分，广泛分布于我国北方的流动沙丘和半固定沙丘地区，能够有效改善沙丘、荒漠地区的地表环境，起到防风固沙的作用；根系对降低根际pH值有一定作用，可以提高根际有机质含量，改善根际微环境；全株入药，具有平肝、降压的功效，主治高血压、头痛、眩晕等。

繁殖方式：主要通过种子进行繁殖。

参考文献

李从娟，李彦，马健，等，2011. 干旱区植物根际土壤养分状况的对比研究 [J]. 干旱区地理，34(2): 222–228.

李从娟，马健，李彦，2009. 五种沙生植物根际土壤的盐分状况 [J]. 生态学报，29(9): 4649–4655.

张景光，周海燕，王新平，等，2002. 沙坡头地区一年生植物的生理生态特性研究 [J]. 中国沙漠，22(4): 350–353.

刺沙蓬与肾叶打碗花等混生

刺沙蓬果期的花被片

（2）无翅猪毛菜（*Salsola komarovii* Iljin.）

分类地位：被子植物门，双子叶植物纲，原始花被亚纲，中央种子目，藜科，螺胚亚科，猪毛菜族，猪毛菜属。

生境分布：生于海滨、河滩砂质土壤。国内主要分布于黑龙江、辽宁、河北、山西、青海、山东、上海、浙江、河南等地。国外在俄罗斯远东地区亦有分布。

形态性状：一年生草本，高 20~50 厘米；茎直立，自基部分枝，黄绿色，有白色或紫红色条纹；叶互生，叶片半圆柱形，顶端有小短尖，基部扩展，稍下延，扩展处边缘为膜质；花序穗状，生枝条上部；果时苞片和小苞片增厚，紧贴花被；花被片 5，先端内折成截形的面，聚集成短的圆锥体，膜质，果时变硬，革质，柱头丝状；胞果倒卵形。花期 7—8 月，果期 8—9 月。

耐盐能力：可在盐渍土壤上正常生活，具有较高的耐盐性。

资源价值：耐盐渍环境，同时植株中富含淀粉和糖类，在发展盐渍土壤地区经济中具有一定潜力；另外，通过植物的根际作用，可以改良土壤的理化性质并增加土壤肥力，降低盐碱地的盐渍化水平。

繁殖方式：主要通过种子进行繁殖。

参考文献

郭凯，许征宇，曲乐，等，2013. 黄河三角洲高等抗盐植物资源 [J]. 安徽农业科学，41(25): 10463–10466.

胡君，刘启新，吴宝成，等，2013. 江苏海州湾沿海沙滩植被的种类组成与群落变化 [J]. 植物资源与环境学报，22(2): 98–107.

周三，韩军丽，赵可夫，2001. 泌盐盐生植物研究进展 [J]. 应用与环境生物学报，7(5): 496–501.

无翅猪毛菜植株

无翅猪毛菜的花序

（3）猪毛菜（*Salsola collina* Pall.）

物种别名：猴子毛、蓬子菜。

分类地位：被子植物门，双子叶植物纲，原始花被亚纲，中央种子目，藜科，螺胚亚科，猪毛菜族，猪毛菜属。

生境分布：生路边、村边、海滨等地。国内分布于东北、华北、西北、西南及西藏、河南、山东、江苏等省区。国外的朝鲜、蒙古、巴基斯坦等也有分布。

形态性状：一年生草本，高20~100厘米；茎自基部分枝，绿色，有白色或紫红色条纹；叶互生，肉质，叶片丝状圆柱形，顶端有刺状尖，基部边缘膜质，稍扩展而下延；花序穗状，生枝条上部；苞片及小苞片与花序轴紧贴，顶端有刺状尖；花被片5，卵状披针形，膜质，顶端尖，果时变硬，紧贴果实，自背面中上部生鸡冠状凸起；胞果球形。花期7—9月，果期9—10月。

耐盐能力：具有一定的耐盐性。

资源价值：幼嫩茎叶可食，亦可作饲料；全草入药，有降血压等作用。

繁殖方式：主要通过种子进行繁殖。

参考文献

相宇，李友宾，张健，等，2007.猪毛菜化学成分研究 [J].中国中药杂志，05：409–413.

刘鹏，田长彦，2007.盐分、温度对猪毛菜种子萌发的影响 [J].干旱区研究，4：504–509.

格根图，2005.非常规粗饲料柠条、猪毛菜、杨树叶的饲用研究 [D].呼和浩特：内蒙古农业大学.

赵云雪，丁杏苞，2004.猪毛菜中生物碱化学成分的研究 [J].药学学报，39(8)：598–600.

猪毛菜与肾叶打碗花混生

猪毛菜植株

（五）苋科

苋属

（1）反枝苋（*Amaranthus retroflexus* L.）

物种别名： 野苋菜、苋菜、西风谷。

分类地位： 被子植物门，双子叶植物纲，原始花被亚纲，中央种子目，苋科，苋属。

生境分布： 适应性极强。原产美洲热带地区，现广泛传播并归化于世界各地。生于田野、路旁。国内广泛分布于黑龙江、吉林、辽宁、内蒙古、河北、山东、山西、河南、陕西、甘肃、宁夏、新疆等地。

形态性状： 一年生草本；茎直立，粗壮，有时高达1米多，淡绿色，有时带紫色条纹，稍具钝棱，密生短柔毛；叶片菱状卵形或椭圆状卵形，顶端有小凸尖，基部楔形，全缘或波状缘，两面及边缘有柔毛，下面毛较密，叶柄有柔毛；圆锥花序顶生及腋生，直立，由多数穗状花序形成；苞片及小苞片钻形，白色，背面有1龙骨状凸起，伸出顶端成白色尖芒；花被片5，矩圆形或矩圆状倒卵形，薄膜质，白色，有1淡绿色细中脉，顶端具凸尖，雄蕊比花被片稍长，柱头3，有时2；胞果扁卵形，环状横裂，薄膜质，淡绿色，包裹在宿存花被片内；种子近球形，棕色或黑色。花期7—8月，果期8—9月。

耐盐能力： 抗逆性强，在pH值=4.2~9.1的土壤中均有反枝苋分布，可生长于海滨沙地，具有一定的耐盐性。

资源价值： 嫩叶可供食用，亦可作饲料；种子及全株均可入药，治疗腹泻、痢疾、痔疮肿痛等。

繁殖方式： 通过种子进行繁殖。

参考文献

程伟霞，陈双臣，李文亮，2009. 不同处理对反枝苋种子萌发特性的影响 [J]. 河南农业科学，11：94-96.

李晓晶，张宏军，倪汉文，2004. 反枝苋的生物学特性及防治 [J]. 农药科学与管理，25(3)：13-16.

刘爽，张红，马丹炜，等，2010. 反枝苋水浸提液与挥发油对黄瓜根尖的影响 [J]. 西北植物学报，30(3)：569-574.

反枝苋生境

反枝苋的叶和花序

（2）凹头苋 (*Amaranthus lividus* L.)

物种别名：苋菜。

分类地位：被子植物门，双子叶植物纲，原始花被亚纲，中央种子目，苋科，苋属。

生境分布：生于田野、草地、路旁。国内除内蒙古、宁夏、青海、西藏外，全国广泛分布。国外分布于日本、欧洲、非洲北部及南美。

形态性状：一年生草本，高 10~30 厘米；茎平卧，从基部分枝，淡绿色或紫红色；叶片卵形或菱状卵形，顶端凹缺，有 1 芒尖，全缘或稍呈波状；花簇腋生，生在茎端和枝端者成直立穗状花序或圆锥花序；花被片 3，淡绿色，边缘内曲，背部有 1 隆起中脉，雄蕊 3，柱头 3 或 2；胞果扁卵形，超出宿存花被片；种子环形，黑色至黑褐色。花期 7—8 月，果期 8—9 月。

耐盐能力：可在海边生长，具有一定耐盐性。

资源价值：幼嫩茎叶可食，亦可做饲料；全草入药，具有解热止疼、收敛利尿等功效；种子入药具有明目、利大小便、祛寒热等功效；鲜根入药有清热解毒的功效。

繁殖方式：通过种子进行繁殖。

参考文献

陈艺轩，钟玲，周雨薇，等，2011. 凹头苋组织培养及快速繁殖的研究 [J]. 现代园艺，12: 6-8.

李书心，1988. 辽宁植物志（上册）[M]. 沈阳：辽宁科学技术出版社，450.

凹头苋植株

凹头苋的叶和花序

（六）商陆科

商陆属

垂序商陆（*Phytolacca americana* L.）

物种别名： 商陆，美国商陆，十蕊商陆。

分类地位： 被子植物门，双子叶植物纲，石竹目，商陆科，商陆属。

生境分布： 原产北美；现世界各地引种和归化，我国大部分地区都有栽培或逸生。

形态性状： 多年生草本，高 1~2 米；根肥大，倒圆锥形；茎直立，圆柱形，有时带紫红色；叶大，长椭圆形或卵状椭圆形，质柔嫩；总状花序顶生或侧生；花被片通常 5，白色，微带红晕，雄蕊、心皮及花柱通常均为 10，心皮合生；果序下垂；浆果扁球形，熟时紫黑色。花期 6—8 月，果期 8—10 月。

耐盐能力： 可生长于海滨沙地，具有一定的耐盐性。

资源价值： 庭园多见栽培，可供观赏；全草可作农药；根入药，具有治水肿、风湿的功效；种子利尿；叶有解热作用，并可治脚气；体内含有抗病毒的糖蛋白，可开发为抗病毒类生物农药；对水体中重金属有很强的富集作用，可作为低浓度重金属废水的修复植物。

繁殖方式： 通过播种或分株繁殖，栽培较易。

参考文献

葛永辉，张婕，刘开兴，等，2013. 垂序商陆抗烟草花叶病毒活性物质提取及分离 [J]. 农药，52(9): 680–683.

徐向华，李仁英，刘翠英，等，2013. 超积累植物垂序商陆 (*Phytolacca americana* L.) 吸收锰机制的初步探讨 [J]. 环境科学，34(11): 4460–4465.

薛生国，周晓花，刘恒，等，2011. 垂序商陆对污染水体重金属去除潜力的研究 [J]. 中南大学学报（自然科学版），42(4): 1156–1160.

垂序商陆植株

垂序商陆的果实

垂序商陆的花序

（七）马齿苋科

马齿苋属

马齿苋（*Portulaca oleracea* L.）

物种别名：马苋，五行草，长命菜，五方草，瓜子菜，麻绳菜，马齿菜，蚂蚱菜，马踏菜。

分类地位：被子植物门，双子叶植物纲，石竹亚纲，石竹目，马齿苋科，马齿苋属。

生境分布：耐旱，生活力强，生于菜园、农田、路旁，为田间常见杂草。广布全世界温带和热带地区，中国南北各地均产。

形态性状：一年生草本；茎平卧，伏地铺散，圆柱形，肉质，淡绿色或带暗红色；叶互生，叶片扁平，肥厚，倒卵形，全缘，似马齿状，顶端圆钝或平截，有时微凹；花无梗，常 3~5 朵簇生枝端，午时盛开；苞片 2~6，叶状，膜质，近轮生；萼片 2，对生，绿色，基部合生，花瓣 5，黄色，倒卵形，顶端微凹，雄蕊通常 8，或更多，子房半下位，花柱比雄蕊稍长，柱头 4~6 裂；蒴果卵球形，盖裂；种子细小，黑褐色，有光泽，具小疣状凸起。花期 5—8 月，果期 6—9 月。

耐盐能力：须根发达，适应性极强，可正常生长于海滨滩涂及盐碱地。

资源价值：含有丰富的营养物质，具有较高的食用及饲用价值；含有的 ω–3 脂肪酸能抑制人体对胆固酸的吸收，降低血液胆固醇浓度，改善血管壁弹性，可防治心血管疾病；全草入药，有清热利湿、解毒消肿、消炎、止渴、利尿作用；还可作兽药和农药；种子明目。

繁殖方式：可通过种子进行繁殖，也可通过扦插的方式进行繁殖。

参考文献

常姗姗，2013. 盐生马齿苋主要营养成分分析和提取物的抗氧化活性及抑菌作用的研究 [D]. 南京：南京师范大学 .

丁怀伟，姚佳琪，宋少江，2008. 马齿苋的化学成分和药理活性研究进展 [J]. 沈阳药科大学学报，25(10): 831–838.

李凤林，余蕾，2011. 马齿苋多糖降血糖与血脂作用研究 [J]. 中国食品添加剂，1: 64–68.

马齿苋幼苗

马齿苋植株

马齿苋的叶和花

（八）石竹科

1. 拟漆姑属

拟漆姑（*Spergularia salina* J. et C. Presl）

物种别名：牛漆姑草。

分类地位：被子植物门，双子叶植物纲，原始花被亚纲，石竹目，石竹科，指甲草亚科，大爪草族，拟漆姑属。

生境分布：生长于沙质轻度盐地、盐化草甸及水边等湿润处。分布于我国东北、华东、西北等地。欧洲、亚洲和非洲北部也有分布。

形态特征：一年生草本，高 10~30 厘米；茎丛生，铺散，多分枝，上部密被柔毛。叶片线形，顶端钝，具凸尖，近平滑或疏生柔毛，托叶宽三角形，膜质；花集生于茎顶或叶腋，成总状聚伞花序，果时下垂，花梗密被腺柔毛；萼片 5，外面被腺柔毛，具白色宽膜质边缘，花瓣 5，淡粉紫色或白色，雄蕊 5；子房卵形；蒴果卵形，3 瓣裂；种子近三角形，表面有乳头状凸起，部分种子具翅。花期 5—7 月，果期 6—9 月。

耐盐能力：可生长于海滨滩涂。

资源价值：耐盐渍化，可用于盐碱地改良和绿化。

繁殖方式：可通过种子进行繁殖。

参考文献

陈征海，唐正良，1996. 浙江海岛盐生植被研究（Ⅱ）天然植被类型及开发利用 [J]. 生态学杂志，15(5): 6–11.

郭凯, 许征宇, 曲乐, 等, 2013. 黄河三角洲高等抗盐植物资源 [J]. 安徽农业科学, 41(25): 10463–10466.

拟漆姑植株

拟漆姑的叶和花

2. 蝇子草属

女娄菜（*Silene aprica* Turcz. ex Fisch. et Mey.）

物种别名：王不留行、桃色女娄菜、九子参、罐罐花。

分类地位：被子植物门，双子叶植物纲，原始花被亚纲，中央种子目，石竹科，石竹亚科，剪秋罗族，蝇子草亚族，蝇子草属，女娄菜组。

生境分布：常生于丘陵、平原及山地。我国大部分省区都有分布。国外的日本、蒙古、俄罗斯、朝鲜也有分布。

形态性状：一年生或二年生草本，全株密被灰色短柔毛；主根较粗壮，稍木质；茎单生或数个，直立；基生叶叶片倒披针形或狭匙形，基部渐狭成长柄状，顶端急尖，中脉明显，茎生叶比基生叶稍小；圆锥花序，花梗直立，苞片披针形，具缘毛；花萼钟形，脉明显，萼裂片5，密被短柔毛，雌雄蕊柄极短或近无，被短柔毛，花瓣5，白色或淡红色，2裂，花冠喉部具10舌状副花冠片，雄蕊和花柱均不外露；蒴果卵形，与宿存萼近等长或微长；种子圆肾形，灰褐色，肥厚，具小瘤。花期5—7月，果期6—8月。

耐盐能力：可生长于盐化草甸、草原沙质地，具有一定的耐盐性。

资源价值：全草入药，称九子参，主治体虚浮肿和肿痛等症；中医临床用于治疗中耳炎、咽喉肿痛等；富含总皂苷，对小鼠中枢神经有一定的抑制作用；花色淡雅，可供观赏。

繁殖方式：通过种子进行繁殖。

参考文献

邝荔香，李涛，刘国卿，等，1996. 九子参总皂苷药理研究 [J]. 时珍国医国药，10(7): 492–493.

潘晓玲，皮锡铭，1992. 新疆女娄菜属 (石竹科) 植物分类研究及生态地理分布 [J]. 新疆大学学报（自然科学版），2: 14.

王史琴，杨恒，游晓会，等，2012. 百花山景区野生花卉资源及其园林应用 [J]. 中国野生植物资源，31(1): 65–68.

女娄菜植株

女娄菜开花期

女娄菜的花

（九）罂粟科

紫堇属

黄堇 [*Corydalis pallida* (Thunb.)Pers.]

物种别名：珠果紫堇。

分类地位：被子植物门，双子叶植物纲，原始花被亚纲，罂粟目，罂粟亚目，紫堇科，荷包牡丹亚科，紫堇族，紫堇属。

生境分布：半耐阴，不耐高温强光、干旱。生林间空地、林缘、河岸或多石坡地。我国大部分省区均有分布。国外的朝鲜北部、日本及俄罗斯也有分布。

形态性状：丛生一年生草本；具主根，少数侧根发达，呈须根状；茎具棱，常上部分枝；基生叶多数，莲座状，花期枯萎，茎生叶稍密集，下部的具柄，上部的近无柄，上面绿色，下面苍白色，二回羽状全裂；总状花序顶生和腋生；苞片约与花梗等长；萼片2枚，通常小，早落，花瓣4，黄色至淡黄色，上花瓣前端扩展成伸展的花瓣片，后部成圆筒形距，内花瓣具鸡冠状突起，雄蕊6，合生成2束；子房线形；蒴果线形，念珠状，斜伸至下垂，具1列种子；种子黑亮，表面密具圆锥状突起，种阜帽状，约包裹种子的1/2。花期5—6月，果期9月。

耐盐能力：可生长于海滨沙地，具有一定的耐盐性。

资源价值：全草入药，有清热、解毒、消肿功效，常用于治疗痈疮热疖、角膜充血等症；含生物碱等多种化学成分，在医药、日用化工等方面都有巨大潜力，综合开发前景好；有一定观赏价值，可作为观赏植物。

繁殖方式：主要通过种子进行繁殖。

参考文献

徐攀，姚煜，刘英勃，等，2009.黄堇挥发油化学成分的 GC–MS 分析 [J]. 中草药，40(1): 108.

纪汉文，何东，1988.珠果紫堇的引种栽培 [J]. 北方园艺，1: 17.

邢怡，刘樱，王好友，1996.早春花繁好材料——珠果紫堇 [J]. 北方园艺，3: 47.

黄堇与肾叶打碗花、薹草等生活在海边

黄堇的花序

（十）十字花科

1. 盐芥属

小盐芥 [*Thellungiella halophila* (C.A.Mey) O. E. Schulz]

分类地位：被子植物门，双子叶植物纲，白花菜目，十字花科，盐芥属。

生境分布：生长于盐渍化土壤上。我国主要分布于吉林、河北、内蒙古、山东、江苏、河南。国外俄罗斯亦有分布。

形态性状：一年或二年生草本，高 10~15 厘米；茎自基部分枝，分枝铺散；基生叶莲座状，宿存，叶片窄倒卵形，边缘有齿或羽裂，茎生叶长圆形，无柄，基部箭形，半抱茎，全缘；花序伞房状，花后延长；萼片 4，小，花瓣 4，白色，宽倒卵形，雄蕊 6；长角果短，长 4~10 毫米，宽约 1 毫米，果梗丝状，斜向上展开；种子小，黄棕色。花期 6—7 月。

耐盐能力：属于盐生植物，有较强的耐盐性，在低浓度盐渍环境中生长更好。

资源价值：盐芥具有植株矮小、生活周期短、自花授粉、产种量大等特点，同时符合分子生物学研究的遗传学特征，如自交结实、基因组小、易转化、易诱变等，因此，可作为盐生模式植物；耐盐性强，可作为研究植物耐盐的基因供体。

繁殖方式：主要通过种子进行繁殖。

参考文献

刘爱荣，张远兵，陈登科，2006. 盐胁迫对盐芥 (*Thellungiella halophila*) 生长和抗氧化酶活性的影响 [J]. 植物研究，26(2): 216–221.

刘爱荣，赵可夫，2005. 盐胁迫下盐芥渗透调节物质的积累及其渗透调节作用 [J]. 植物生理与分子生物学学报，31(4): 389–395.

赵昕，吴雨霞，赵敏桂，等，2007. NaCl 胁迫对盐芥和拟南芥光合作用的影响 [J]. 植物学通报，24(2): 154–160.

盐芥植株

2. 芝麻菜属

芝麻菜（*Eruca sativa* Mill. var. *sativa*）

物种别名：火箭生菜、色拉菜、紫花芥、芸芥、德国芥菜、香油罐等。

分类地位：被子植物门，双子叶植物纲，原始花被亚纲，罂粟目，白花菜亚目，十字花科，芸薹族，芝麻菜属。

生境分布：栽培或野生于向阳斜坡、草地、路边、麦田及水沟边。国内主要分布于黑龙江、辽宁、内蒙古、河北、山西、陕西、甘肃、青海、新疆、四川。

形态性状：一年生草本，高20~90厘米；茎直立，上部常分枝；基生叶及下部叶大头羽状分裂或不裂，下面脉上疏生柔毛，上部叶无柄，具1~3对裂片；总状花序，花直径1~1.5厘米；萼片带棕紫色，花瓣4，黄色，后变白色，有紫纹；长角果圆柱形，长2~3厘米，喙剑形，扁平；种子近球形或卵形，棕色，有棱角。花期5—6月，果期7—8月。

耐盐能力：可生长于盐碱地上，具有一定的耐盐性。

资源价值：芝麻菜全株具有浓烈的芝麻香味，营养价值丰富，幼嫩茎叶及花蕾可食，亦可作饲料；种子榨油、食用或药用；种子、芽和成熟的叶中含芝麻素，具有抗氧化和抑制癌细胞增殖等作用。

繁殖方式：主要通过种子进行繁殖。

参考文献

廉华，姜海洋，张东雪，等，2014. 不同采收时期对芝麻菜营养品质和相关生理指标的影响 [J]. 中国土壤与肥料，5: 75-78.

李磊，杨霞，周昇昇，2012. 植物化学物芝麻菜素的研究进展 [J]. 食品科学，33(19):344-348.

芝麻菜植株

芝麻菜的花

3. 独行菜属

（1）北美独行菜（*Lepidium virginicum* L.）

物种别名：独行菜、辣荠菜。

分类地位：被子植物门，双子叶植物纲，原始花被亚纲，罂粟目，白花菜亚目，十字花科，独行菜族，独行菜属。

生境分布：生于山坡、山沟、路旁及村庄附近，为常见的田间杂草。国内主要分布于山东、河南、安徽、江苏、浙江、福建、湖北、江西、广西。原产美洲，欧洲也有分布。

形态性状：一年或二年生草本；茎单一，直立，上部有分枝；基生叶倒披针形，羽状分裂或大头羽裂，边缘有锯齿，茎生叶有短柄，倒披针形或线形，边缘有尖锯齿或全缘；总状花序顶生；萼片椭圆形，长约1毫米，花瓣白色，倒卵形，和萼片等长或稍长，雄蕊2或4；短角果小，扁平、顶端微缺；种子卵形，红棕色。花期4—5月，果期6—7月。

耐盐能力：可生长于海边沙地区域，具有一定的耐盐性。

资源价值：全草可作饲料；种子可供药用，有利尿、止咳、化痰功效，也作葶苈子用；植株对重金属Cu有较强的吸收和富集能力。

繁殖方式：主要通过种子进行繁殖。

参考文献

黄朝表，郭水良，陈旭敏，等，2001. 金华地区11种杂草对4种重金属的吸收与富集作用研究[J]. 农业环境保护，21(1): 225–228.

刘建才，成巨龙，刘艺森，等，2014. 北美独行菜：陕西烟田中的一种新杂草[J]. 西北大学学报（自然科学版），44(1):81–82.

北美独行菜植株

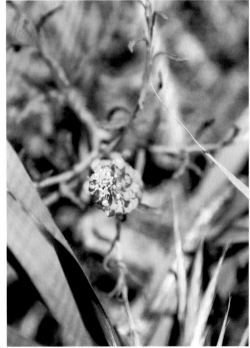

北美独行菜的花和果实

（2）翼果独行菜 ［*Lepidium campestre* (L.) R. Br.］

物种别名：辣荠菜。

分类地位：被子植物门，双子叶植物纲，原始花被亚纲，罂粟目，白花菜亚目，十字花科，独行菜族，独行菜属。

生境分布：生于山坡、路旁或沟边。为外来植物，原产欧洲。

形态性状：一年或二年生草本，高 20~50 厘米；茎直立，密被毛；基生叶长圆形或大头羽状分裂，茎生叶长圆形，边缘有稀疏小齿；总状花序，花序轴有毛；萼片 4，花瓣 4，白色，有爪；短角果宽卵形，顶端有翅，翅增厚并和花柱下部联合，果梗长 4~6 毫米。花期 5 月，果期 6 月。

耐盐能力：具有一定的抗旱性和耐湿性，可生长于海边沙地。

资源价值：具有药用和食用价值；种子可榨油。

繁殖方式：主要通过种子进行繁殖。

参考文献

Ivarson E，Ahlman A，Li XY，et al，2013. Development of an efficient regeneration and transformation method for the new potential oilseed crop *Lepidium campestre* [J]. BMC Plant Biology，13(1): 1–9.

肖素荣，赵玉芹，左守林，等，2003. 山东省外来种子植物研究初报 [J]. 山东科学，16(4):25–30.

翼果独行菜幼苗是基生叶

翼果独行菜的花

翼果独行菜植株

翼果独行菜的果实

4. 蔊菜属

蔊菜 [*Rorippa indica* (L.) Hiern.]

物种别名：塘葛菜、葶苈、江剪刀草、香荠菜、野油菜、干油菜、野菜子、天菜子。

分类地位：被子植物门，双子叶植物纲，原始花被亚纲，罂粟目，白花菜亚目，十字花科，南芥族，蔊菜属。

生境分布：生于路旁、田边、河沟边等较潮湿处。国内大部分省区有分布。国外的日本、朝鲜、印度等也有分布。

形态性状：一、二年生直立草本，高 20~40 厘米；茎单一或分枝，表面具纵沟；叶互生，基生叶及茎下部叶具长柄，叶形多变化，通常大头羽状分裂，边缘具不整齐牙齿，茎上部叶具短柄或基部耳状抱茎；总状花序顶生或侧生；萼片 4，花瓣 4，黄色，匙形，基部渐狭成短爪，雄蕊 6，4 长 2 短；长角果线状圆柱形；种子细小。花期 4—6 月，果期 6—8 月。

耐盐能力：具有一定的抗旱性和耐湿性，可生长于海边沙地。

资源价值：全草入药，外用可治疮毒及烫伤、烧伤，内服有健胃、清热解毒、止咳化痰等功效；另外，蔊菜还是十字花科 (Brassiaceae) 中对菌核病抗性强、抗旱、耐湿的优质基因源。

繁殖方式：主要通过种子进行繁殖。

参考文献

涂玉琴，戴兴临，涂伟凤，等，2011. 蔊菜幼苗抗菌核病及抗旱和耐湿特性的鉴定 [J]. 植物资源与环境学报，20(3): 9-15.

熊任香，涂伟凤，涂玉琴，等，2011. 甘蓝型油菜与蔊菜远缘杂交后代抗旱性鉴定及综合评价 [J]. 江西农业学报，23(12): 1-6.

薄菜的花

薄菜植株

5. 糖芥属

小花糖芥 (*Erysimum cheiranthoides* L.)

物种别名：桂竹糖芥、野菜子。

分类地位：被子植物门，双子叶植物纲，原始花被亚纲，罂粟目，白花菜亚目，十字花科，香花芥族，糖芥属，无苞组，糖芥系。

生境分布：生于山坡、山谷、路旁及村旁荒地，为麦田常见杂草。我国大部分省区有分布。国外的蒙古、朝鲜、欧洲、非洲及美国等均有分布。

形态性状：一年生草本，高 15~50 厘米；茎直立，有棱角，具 2 叉毛；基生叶莲座状，无柄，茎生叶披针形或线形，顶端急尖，基部楔形，边缘具深波状疏齿或近全缘，两面具 3 叉毛；总状花序顶生；萼片 4，长圆形或线形，花瓣 4，浅黄色，顶端圆形或截形，下部具爪；长角果圆柱形，具 3 叉毛；种子卵形，淡褐色。花期 5 月，果期 6 月。

耐盐能力：具有一定的抗旱性和耐湿性，可生长于海边沙地。

资源价值：种子可当葶苈子作药用；全草含葡萄芥苷、黄麻苷 A、木糖糖芥苷和木糖糖芥醇苷等成分，入药有强心利尿，和胃消食的功效；花期蜜粉丰富，为野生蜜源植物；亦可作为 Cu、Zn 和 Cd 复合污染土壤的修复植物。

繁殖方式：主要通过种子进行繁殖。

参考文献

高兴祥，李美，房锋，等，2014. 山东省小麦田杂草组成及群落特征 [J]. 草业学报，23(5): 92-98.

荆知敏，张洁，2013. 小花糖芥的性状与显微鉴定 [J]. 中药材，36(2): 219-220.

王大勇，吴效中，张滋芳，等，2015. 主要污染源周边土壤重金属来源及抗性植物调查 [J]. 山西农业科学，43(10): 1290-1296.

王虹，不都拉·不阿巴斯，吴晶，等，2001. 小花糖芥花蜜腺的解剖学研究 [J]. 生命科学研究，5(3): 250-253.

小花糖芥的叶和花

（十一）蔷薇科

1. 地榆属

地榆（*Sanguisorba officinalis* L.）

物种别名：黄瓜香、山地瓜、猪人参、血箭草、山枣子。

分类地位：被子植物门，双子叶植物纲，蔷薇目，蔷薇亚目，蔷薇科，蔷薇亚科，地榆属。

生境分布：生于山坡、灌丛，喜沙性土壤，现已有人工引种栽培。在我国广泛分布。广布于欧洲和亚洲北温带。

形态性状：多年生草本；根粗壮，多呈纺锤形，表面棕褐色或紫褐色，横切面黄白或紫红色；茎直立，有棱；羽状复叶，小叶片卵形或长圆状卵形，边缘有多数粗大圆钝的锯齿，茎生叶托叶大，成对着生，半卵形，边缘有尖锐锯齿；穗状花序直立，椭圆形或圆柱形，花从顶端向下开放；萼片4，紫红色，无花瓣，雄蕊4；瘦果小，包藏在宿存的萼筒内；种子1。花果期7—10月。

耐盐能力：可生长于海滨沙地，具有一定的耐盐能力。

资源价值：嫩叶可食或做茶；株型飘逸，叶子鲜绿，花期长，具有极高的观赏价值和园林应用潜力；根可入药，性微寒、味苦，具有止血凉血、清热解毒、收敛止泻及抑制多种致病微生物和肿瘤的作用，还可治疗烧伤及烫伤。

繁殖方式：可通过种子进行繁殖，也可用带茎、芽的小根作种苗进行繁殖。

参考文献

姜新强，王奎玲，刘庆超，等，2008. 野生地榆种子萌发特性研究 [J]. 中国农学通报，24(7):318-322.

夏红，孙立立，孙敬勇，等，2009. 地榆化学成分及药理活性研究进展 [J]. 食品与药品，11(7):67-69.

袁振海，孙立立，2007. 地榆现代研究进展 [J]. 中国中医药信息杂志，14(3):90-92.

地榆幼苗

地榆的叶片

地榆的花序

2. 悬钩子属

茅莓（*Rubus parvifolius* L.）

物种别名：红梅消、小叶悬钩子、草杨梅子、婆婆头。

分类地位：被子植物门，双子叶植物纲，原始花被亚纲，蔷薇目，蔷薇亚目，蔷薇科，蔷薇亚科，悬钩子属。

生境分布：生于山坡杂木林下、向阳山谷、路旁或荒野。在我国广泛分布。国外的日本和朝鲜亦有分布。

形态性状：落叶小灌木；枝呈弓形弯曲，被柔毛和稀疏钩状皮刺；小叶常 3 枚，菱状圆形或倒卵形，上面伏生疏柔毛，下面密被灰白色茸毛，边缘有不整齐粗锯齿或缺刻状粗重锯齿，常具浅裂片，叶柄被柔毛和稀疏小皮刺；托叶线形；伞房花序顶生或腋生，花梗具柔毛和稀疏小皮刺，萼片 5，外面密被柔毛和疏密不等的针刺，花瓣 5，卵圆形或长圆形，粉红至紫红色，基部具爪，雄蕊和雌蕊多数；聚合小核果，红色。花期 5—6 月，果期 7—8 月。

耐盐能力：可生长于海滨沙地，具有一定的耐盐性。

资源价值：果实酸甜多汁，可供食用、酿酒及制醋等；根茎叶及全草均可入药，具有清热凉血、散结止痛、利尿消肿等功效，常用于治疗肠炎、肝脾肿大、黄疸、慢性肝炎、跌打肿痛、风湿骨痛、泌尿系统感染等；药理实验表明，茅莓的水提物具有止血和活血化瘀作用，并且已成功用于治疗冠心病、心绞痛等多种心血管疾病。

繁殖方式：主要通过种子进行繁殖，也可通过扦插进行繁殖。

参考文献

梁成钦，苏小建，周先丽，等，2011. 茅莓化学成分研究 [J]. 中药材，34(1): 64–66.

郑振汶，张玲菊，黄常新，等，2007. 茅莓总皂苷对黑色素瘤的抗肿瘤作用研究 [J]. 中国中药杂志，32(19): 2055–2058.

茅莓的叶和花

海边沙滩上的茅莓和肾叶打碗花

茅莓的果实

茅莓的花

3. 委陵菜属

朝天委陵菜（*Potentilla supina* L.）

物种别名：伏地委陵菜、仰卧委陵菜、鸡毛菜。

分类地位：被子植物门，双子叶植物纲，蔷薇目，蔷薇科，委陵菜属，锥状花柱组，掌叶系。

生境分布：生于山坡、荒地、田边、河岸沙地。我国大部分省份均有分布。广布于北半球温带及部分亚热带地区。

形态性状：一年生或二年生草本；主根细长；茎平展，上升或直立，被柔毛；羽状复叶，小叶 2~5 对，互生或对生，最上面 1~2 对小叶基部下延与叶轴合生，小叶片长圆形或倒卵状长圆形，边缘有圆钝或缺刻状锯齿，茎生叶托叶绿色，有齿；花梗常密被短柔毛；萼片 5，三角状卵形，顶端急尖，花瓣 5，黄色，倒卵形，顶端微凹，雌雄蕊多数；瘦果多数，着生在干燥的花托上，萼片宿存；花果期 3—10 月。

耐盐能力：生长旺盛，抗逆能力强，可生长于海滨沙地，具有一定的耐盐性。

资源价值：幼嫩茎叶可食；全草入药，性苦、寒，具有清热解毒、凉血、止痢的功效，主治感冒发热、肠炎、热毒泻痢、痢疾、血热、各种出血；鲜品外用于疮毒痈肿及蛇虫咬伤；对各种重金属污染土壤具有较强的耐受性，可作为重金属特别是 Pb 污染土壤的修复植物。

繁殖方式：主要通过种子进行繁殖。

参考文献

胡嫣然，周守标，吴龙华，等，2011. 朝天委陵菜的重金属耐性与吸收性研究 [J]. 土壤，43(3): 476–480.

闵运江，周守标，罗其领，等，2008. 四种重金属胁迫下朝天委陵菜的生长特性及富集能力 [J]. 激光生物学报，17(5): 673–678.

郑光海，朴惠顺，2012. 朝天委陵菜化学成分研究 [J]. 中草药，43(7): 1285–1288.

朝天委陵菜植株

朝天委陵菜的花

4. 蔷薇属

玫瑰（*Rosa rugosa* Thunb.）

物种别名：刺莓蔷薇、刺莓果。

分类地位：被子植物门，双子叶植物纲，蔷薇目，蔷薇科，蔷薇亚科，蔷薇属，蔷薇亚属。

生境分布：原产我国华北、朝鲜和日本，现已广泛栽培。但野生玫瑰的分布地域狭小，在我国，自然分布于渤海湾沿海的沙地、山坡及图们江下游沿江漫滩沙丘地上。

形态性状：直立灌木，高 1~2 米。茎丛生，小枝密被茸毛和皮刺；羽状复叶，叶柄和叶轴密被茸毛和腺毛，小叶 5~9，椭圆形或椭圆状倒卵形，先端急尖或圆钝，边缘有尖锐锯齿，上面叶脉下陷，有褶皱，托叶大部分贴生于叶柄，边缘有带腺锯齿；花单生或数朵簇生，花梗密被茸毛和腺毛；花直径 4~5.5 厘米，萼片 5，花瓣倒卵形，重瓣至半重瓣，芳香，多为紫红色，雌雄蕊多数，雌蕊比雄蕊短很多；瘦果多数，着生在肉质萼筒内形成蔷薇果，扁球形，砖红色，萼片宿存。花期 5—6 月，果期 8—9 月。

耐盐能力：可生长于海边，具有一定的耐盐性。

资源价值：玫瑰具有很高的经济价值。花可提取精油，供食用及化妆品用；鲜花瓣可食用，制作糕点馅；干花可泡茶；花蕾入药，可治胃痛、胸腹胀满和月经不调。

繁殖方式：分株、扦插或用种子进行繁殖。

参考文献

李玉杰，刘晓蕾，刘霞，等，2009. 玫瑰精油的化学成分及其抗菌活性 [J]. 植物研究，29(4): 488–491.

杨虎，张生堂，高国强，2012. 玫瑰黄酮的提取及其清除 DPPH 自由基活性研究 [J]. 食品科学，33(24): 152–155.

杨志莹，赵兰勇，徐宗大，2011. 盐胁迫对玫瑰生长和生理特性的影响 [J]. 应用生态学报，22(8): 1993–1998.

海边沙土上的玫瑰植株

玫瑰横走的茎

玫瑰横走茎上长出的新枝

玫瑰的花

沙滩上的野生玫瑰群落

海边野生的玫瑰

（十二）豆科

1.决明属

豆茶决明 [*Cassia nomame* (Sieb.) Kitagawa]

分类地位：被子植物门，双子叶植物纲，原始花被亚纲，蔷薇目，豆科，含羞草亚科，决明族，决明属。

生境分布：生于林缘草地、路边。国内主要分布于东北、河北、山东、浙江、江西、四川等地。国外的朝鲜、日本也有分布。

形态性状：一年生草本，高 30~60 厘米；茎稍有毛；偶数羽状复叶，小叶 8~28 对，小叶片长 5~9 毫米，带状披针形，在叶柄的上端有黑褐色、盘状、无柄腺体 1 枚；花单生或 2 至数朵组成短的总状花序；萼片 5，分离，外面疏被柔毛，花瓣 5，黄色，雄蕊 4~5 枚，子房密被短柔毛；荚果扁平，有毛，熟时开裂，果瓣卷曲；种子 6~12 粒，近菱形。花果期 6—10 月。

耐盐能力：种子有一定的抗盐性，在小于 200 毫摩尔/升 的 NaCl 胁迫下可正常萌发。

资源价值：植株富含蒽醌、黄酮、黄烷醇等化合物，具有降压、降脂、保肝和抑菌等多方面的功能；地上部分及种子入药，具有驱虫、健胃之功效，主治咳嗽痰多、水肿、肾炎、便秘等；也可代茶饮用；豆茶决明在药理和保健方面具有多重功效，是极具开发潜力的野生植物资源。

繁殖方式：通过种子进行繁殖，种皮坚硬有蜡质，可用细沙或砂纸摩擦除去表面蜡质，然后用温水浸泡至种子吸水膨胀后进行播种。

参考文献

杜一鸣，2015. 豆茶决明种子萌发特性及对盐胁迫的响应 [D]. 秦皇岛：河北科技师范学院 .

魏贤星，常旭，杜一鸣，等，2016. 燕山山脉不同居群豆茶决明的种子形态及营养成分比较 [J]. 植物资源与环境学报，25(1): 108–110.

张玥，杨楚枫，杨洋，等，2015. 豆茶决明对小鼠 CCl_4 和乙醇急性肝损伤的保护作用 [J]. 中国实验方剂学杂志，21(10): 137–140.

豆茶决明与其他沙滩植物

豆茶决明植株

豆茶决明的成熟果实

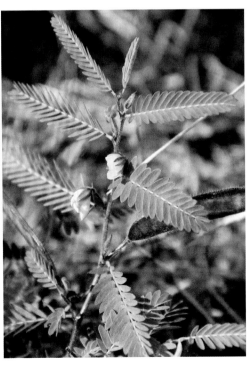

豆茶决明的叶和花及果实

2. 槐属

苦参（*Sophora flavescens* Ait.）

物种别名：野槐、好汉枝、苦骨、地骨、地槐、山槐、苦骨、川参、凤凰爪、牛参、白茎地骨。

分类地位：被子植物门，双子叶植物纲，原始花被亚纲，蔷薇目，豆科，蝶形花亚科，槐族，槐属，四裂果组。

生境分布：生于山坡或田野。产于我国南北各省区。印度、日本、朝鲜、俄罗斯西伯利亚地区也有分布。

形态性状：草本或亚灌木，高1米左右；根灰棕色，长圆柱形，下部常有分枝；茎有纹棱；羽状复叶长达25厘米，托叶披针状线形，小叶6~12对，椭圆形、卵形、披针形至披针状线形，先端钝或急尖；总状花序顶生，长15~25厘米；花萼钟状，萼齿5，蝶形花冠，白色或淡黄白色，雄蕊10，分离或近基部稍连合；荚果长5~10厘米，种子间稍缢缩，呈不明显串珠状，成熟后开裂成4瓣，有种子1~5粒；种子长卵形，深红褐色或紫褐色。花期6—8月，果期7—10月。

耐盐能力：叶具盐腺，可以泌盐，属于泌盐植物；苦参幼苗耐NaCl的最高浓度为0.3%，而耐Na_2CO_3的最高浓度为0.7%。在同一盐浓度下，中性盐的影响比碱性盐的影响要强，表明苦参对碱性盐的耐受力比中性盐要强。

资源价值：可用于盐碱地的改良；根含苦参碱和金雀花碱等，入药有清热利湿、抗菌消炎、健胃驱虫之效，常用作治疗皮肤瘙痒、神经衰弱、消化不良及便秘等症；茎皮纤维可织麻袋；采用苦参与其他中草药配伍制备的无公害农药，能够有效防治蔬菜、果树及粮食作物的多种害虫，有利于绿色食品的生产和农业生态环境的改善。

繁殖方式：分株或用种子进行繁殖。

参考文献

程红玉，2008. 苦参种子发芽特性及水分和盐碱对幼苗胁迫效应的研究 [D]. 兰州：甘肃农业大学.

谷颐，2005. 白城地区盐碱生态环境3种植物的结构 [J]. 东北林业大学学报，33(5): 110–111.

吕振华，2002. 苦参的药用价值及其在中草农药中的应用 [J]. 科技情报开发与经济，12(3): 97–99.

苦参的茎和叶

苦参的花

3. 刺槐属

刺槐（*Robinia pseudoacacia* Linn.）

物种别名：洋槐、刺儿槐。

分类地位：被子植物门，双子叶植物纲，蔷薇亚纲，豆目，豆科，刺槐属。

生境分布：原产于美国东部，中国于 18 世纪末从欧洲引入青岛栽培，现全国各地广泛栽植。

形态性状：落叶乔木，高 10~25 米；树皮灰褐色至黑褐色，浅裂至深纵裂；羽状复叶，具托叶刺，小叶 2~12 对，椭圆形、长椭圆形或卵形，全缘，先端圆，微凹，具小尖头；总状花序长 10~20 厘米，下垂，花多数，芳香；花萼斜钟状，宿存，萼齿 5，密被柔毛，蝶形花冠，白色，雄蕊 10，9 枚花丝合生，子房线形；荚果扁平，褐色，先端上弯，沿腹缝线具狭翅；种子 2~15 粒，褐色至黑褐色，近肾形；花期 4—6 月，果期 8—9 月。

耐盐能力：有一定耐盐性，个别株系可以长期生长在滨海盐碱地上。

资源价值：花可食用；蜜汁丰富，为著名的蜜源植物；木材质地坚硬，耐腐蚀，可用作建筑材料；根系发达，耐贫瘠，适应性强，在水土保持以及干旱地区的生态恢复方面起着重要作用；亦可做沿海防护林树种。

繁殖方式：主要通过种子进行繁殖。

参考文献

曹帮华，2005. 刺槐抗旱抗盐特性研究 [D]. 北京：北京林业大学.

王林，冯锦霞，万贤崇，2013. 土层厚度对刺槐旱季水分状况和生长的影响 [J]. 植物生态学报，37(3): 248–255.

海滩上的刺槐

刺槐幼株

刺槐的花

刺槐的果实

4. 胡枝子属

兴安胡枝子 [*Lespedeza daurica* (Laxm.) Schindl.]

分类地位：被子植物门，双子叶植物纲，蔷薇目，豆科，胡枝子属，胡枝子组。

生境分布：生于山坡、草地、路旁及沙土地上。国内分布于东北、华北经秦岭淮河以北至西南各省。国外的朝鲜、日本、俄罗斯也有分布。

形态性状：小灌木；茎通常稍斜升，单一或数个簇生，幼枝绿褐色，有细棱，被白色短柔毛；托叶线形，羽状复叶具 3 小叶，顶生小叶较大，小叶长圆形或狭长圆形，先端圆形或微凹，有小刺尖；总状花序腋生，较叶短或与叶等长；花萼 5 深裂，萼裂片披针形，与花冠近等长，外面被白毛，蝶形花冠，白色或黄白色，旗瓣中央稍带紫色，荚果小，倒卵形或长倒卵形，先端有刺尖，两面凸起，有毛，包于宿存花萼内。花期 7—8 月，果期 9—10 月。

耐盐能力：可生长于海滨滩涂区域，具有一定的耐盐性。

资源价值：为优良的饲用植物，幼嫩枝条具有较好的适口性，叶片中粗蛋白质和粗脂肪含量较高；根系发达且含根瘤菌，在北方干旱、半干旱地区的植被恢复中具有重要作用；具有较强的抗旱、耐寒、耐瘠薄等特点，可以作为优良的水土保持植物；观赏价值较高，可作绿化美化树种。

繁殖方式：主要通过种子进行繁殖。

参考文献

李莉，2005. 兴安胡枝子发芽及生长研究 [D]. 长春：东北师范大学.

李勤，2013. 松嫩草地不同盐碱化程度土壤对羊草和兴安胡枝子叶片性状及生物量权衡生长的影响 [D]. 成都：四川农业大学.

李鑫，张会慧，张秀丽，等，2016. 不同光环境下兴安胡枝子叶片光合和叶绿素荧光参数的光响应特点 [J]. 草业科学，33(4): 706–712.

兴安胡枝子与肾
叶打碗花等混生

兴安胡枝子植株

兴安胡枝子的花

5. 鸡眼草属

长萼鸡眼草 [*Kummerowia stipulacea* (Maxim.) Makino]

物种别名：掐不齐、野苜蓿草、圆叶鸡眼草。

分类地位：被子植物门，双子叶植物纲，原始花被亚纲，蔷薇目，蔷薇亚目，豆科，蝶形花亚科，山蚂蝗族，胡枝子亚族，鸡眼草属。

生境分布：生于草地、路旁、山坡及沙丘。国内主要分布于东北、华北、华东、中南、西北等省区。国外的朝鲜、日本、俄罗斯也有分布。

形态性状：一年生草本；茎平卧，多分枝，被稀疏的白毛；三出羽状复叶，托叶卵形，小叶倒卵形、宽倒卵形或倒卵状楔形，先端微凹或近截形，全缘，边缘有毛，侧脉多而密；花小，紫色，常1~2朵腋生；花萼膜质，阔钟形，5裂，有缘毛，蝶形花冠，旗瓣与冀瓣近等长，均较龙骨瓣短，龙骨瓣上面有暗紫色斑点，雄蕊10，二体（9+1）；荚果椭圆形或卵形，长约3毫米，稍侧偏。花期7—8月，果期8—10月。

耐盐能力：可生长于海滨滩涂区域，具有一定的耐盐性。

资源价值：长萼鸡眼草营养丰富，茎叶可作饲料；全株可供药用，其提取物有非常重要的药用价值，主要功效为清热解毒、健脾利湿和活血止血等，主治胃肠炎、痢疾、肝炎、夜盲症、泌尿系统感染、跌打损伤和疔疮疖肿等；长萼鸡眼草对重金属具有较强的吸收能力，种植长萼鸡眼草可显著降低土壤中重金属含量。

繁殖方式：主要通过种子进行繁殖。

参考文献

王春景，乔继彪，邵丹丹，等，2013. 长萼鸡眼草的抗氧化性及其总酚和总黄酮的测定 [J]. 华西药学杂志，28(2): 175–177.

郑殿升，杨庆文，2014. 中国作物野生近缘植物资源 [J]. 植物遗传资源学报，15(1): 1–11.

李国兴，石娟，郑红，等，2015. 山东地区野生观赏植物的性状评价 [J]. 山东林业科技，4: 28–34.

长萼鸡眼草植株

长萼鸡眼草的花

6. 草木犀属

草木犀 [*Melilotus officinalis* (L.) Pall.]

物种别名：辟汗草、黄香草木犀、铁扫把、败毒草、省头草、香马料。

分类地位：被子植物门，双子叶植物纲，原始花被亚纲，蔷薇目，豆科，蝶形花亚科，车轴草族，草木犀属。

生境分布：生于山坡、路旁、河岸及砂质草地。分布于我国东北、华南、西南各地。欧洲地中海东岸、中东、中亚、东亚均有分布。

形态特征：二年生草本，高40~100厘米；茎直立，多分枝，具纵棱；三出羽状复叶，顶生小叶稍大，具较长的小叶柄，小叶倒卵形、阔卵形、倒披针形至线形，先端钝圆或截形，边缘具不整齐疏浅齿，上面粗糙，下面散生短柔毛，侧脉8~12对，平行直达齿尖；总状花序腋生，具花30~70朵；苞片刺毛状，花萼钟形，蝶形花冠，黄色，雄蕊10，二体，花柱长于子房；荚果卵形，长3~5毫米，先端具宿存花柱，表面具凹凸不平的横向细网纹，棕黑色；有种子1~2粒。种子卵形，黄褐色。花期5—9月，果期6—10月。

耐受能力：耐旱、耐寒，出苗后能耐短暂的–4℃低温，越冬芽能耐–30℃的严寒，耐盐，在含盐量0.3%的土壤上能正常生长。

资源价值：草木犀在我国有数百年的栽培历史，为优良的家禽饲料和绿肥；蜜汁丰富，还是很好的蜜源植物；全草入药，具清热解毒、化湿、杀虫等功效；含有香豆素、黄酮、甾体、三萜及其苷等成分，研究表明，具有抗炎抑菌、降血糖、抗氧化、抗辐射、抗癌、抗肿瘤以及增强免疫能力等作用；根系发达，抗逆性强，防风防土效果较好，常可用于绿化和土壤改良。

参考文献

陈连管，1996.香料用草木樨及浸膏的开发利用研究 [J].北京日化，1: 20–23.

格根图，刘燕，贾玉山，2013.草木樨干草营养价值及饲喂绒山羊的效果研究 [J].草地学报，21(2): 401–405.

马丽，2005.浅谈草木樨的综合利用 [J].新疆畜牧业，4: 56–57.

邬彩霞，刘苏娇，赵国琦，2014.黄花草木樨水浸提液中潜在化感物质的分离、鉴定 [J].草业学报，23(5): 184–192.

草木犀群落

草木犀幼苗

草木犀成株

草木犀的花序

草木犀的果实

7. 葛属

葛 [*Pueraria lobata* (Willd.) Ohwi.]

物种别名：葛藤、甘葛、野葛、葛子。

分类地位：被子植物门，双子叶植物纲，原始花被亚纲，蔷薇目，蔷薇亚目，豆科，蝶形花亚科，菜豆族，葛属。

生境分布：生于山地、沟谷。除新疆、青海及西藏外，分布几遍全国。东南亚至澳大利亚亦有分布。

形态性状：粗壮藤本，长可达 8 米；有肥厚的块根，茎基部木质，被黄色长硬毛；三出羽状复叶，小叶较大，常三裂，小叶柄及叶片两面均被黄褐色茸毛；总状花序，中部以上花密集；花萼钟形，被黄褐色柔毛，萼裂片 5；蝶形花冠，紫色，旗瓣倒卵形，基部有 2 耳及一黄色硬痂状附属体，雄蕊 10，二体，子房线形，被毛；荚果扁平，被褐色长硬毛。花期 9—10 月，果期 11—12 月。

耐盐能力：可生长于海滨滩涂区域，具有一定的耐盐性。

资源价值：葛为药食两用植物，葛根营养丰富，可加工成葛根粉，葛根入药，有解表退热、生津止渴、止泻的功能，并能改善高血压病人的头晕、头痛、耳鸣等症状；葛粉和葛花可用于解酒；葛花中的化学成分，如异黄酮、皂苷、挥发油等，除了具有保肝作用，还有保护心肌、改善学习记忆能力等药理活性作用；茎皮纤维供织布、造纸、制作绳索；葛生长能力强，是一种良好的水土保持植物。

繁殖方式：可通过种子进行有性繁殖，也可通过压条、扦插等进行营养繁殖。

参考文献

高学清，汪何雅，钱和，等，2012. 葛根和葛花对急性酒精中毒小鼠的解酒作用 [J]. 食品与生物技术学报，6: 621–627.

王胜鹏，陈美婉，王一涛，2012. 葛花化学成分和药理活性研究进展 [J]. 中药药理与临床，28(2): 193–196.

葛的生境

葛的叶

葛的花序

8. 大豆属

野大豆（*Glycine soja* Sieb. et Zucc.）

物种别名：野毛豆、鹿藿、饿马黄、柴豆、野黄豆、山黄豆，野毛扁豆。

分类地位：被子植物门，双子叶植物纲，原始花被亚纲，蔷薇目，豆科，蝶形花亚科，菜豆族，大豆属。

生境分布：生于潮湿的田边、沟旁、河岸、湖边、沼泽、沿海等地，除新疆、青海和海南外，遍布全国各地。国外的朝鲜、日本和俄罗斯也有分布。

形态性状：一年生缠绕草本；主根细长，侧根稀疏；茎纤细，被褐色长硬毛；三出羽状复叶，托叶卵状披针形，急尖，被黄色柔毛，小叶卵圆形或卵状披针形，长可达 14 厘米，全缘，两面均被绢状的糙伏毛；总状花序通常较短，花梗密生黄色长硬毛；花小，长约 5 毫米，花萼钟状，密生长毛，裂片 5，蝶形花冠淡红紫色或白色，旗瓣近圆形，先端微凹，翼瓣有明显的耳，龙骨瓣密被长毛；荚果长圆形，稍弯，长 17~23 毫米，宽 4~5 毫米，密被长硬毛，种子间稍缢缩，干时易裂；种子 2~3 颗，椭圆形，褐色至黑色。花期 7—8 月，果期 8—10 月。

耐盐能力：具有一定的耐盐碱性，在土壤 pH 值＝ 9.18~9.23 的盐碱地上可良好生长。在种子萌发期和幼苗期均表现出很强的耐盐能力。

资源价值：国家二级保护植物。野大豆植株营养丰富，且适口性好，可作为家畜饲料；种子富含蛋白，具有食用价值；全草入药，有补气血、强壮、利尿等功效；种子能清肝火、解痘毒；茎和荚果可治盗汗、目昏、伤筋等；野大豆根系发达，茎叶繁茂，覆盖度大，可减轻雨水对土表的冲刷及地表径流，有很强的防风固沙、改善环境的作用；野大豆为栽培大豆的近缘野生种，具有抗旱、抗盐碱等高抗逆性，具有广阔的研究和开发前景。

繁殖方式：主要通过种子进行繁殖。

参考文献

陈丽丽，2013. 野大豆与栽培大豆杂交后代的鉴定评价研究 [D]. 呼和浩特：内蒙古农业大学 .

陈宣钦，刘怀攀，罗庆云，等，2006. 耐盐性不同的野大豆种子和幼苗对等渗水分和 NaCl 胁迫的响应 [J]. 南京农业大学学报，29(4): 28–32.

贾振伟，2005. 野大豆栽培特性的研究 [D]. 南京：南京农业大学 .

第三章　被子植物门

野大豆群落

野大豆植株

野大豆的花

9. 豇豆属

贼小豆 [*Vigna minima* (Roxb.) Ohwi et Ohashi]

物种别名：狭叶菜豆、野绿豆。

分类地位：被子植物门，双子叶植物纲，蔷薇亚纲，豆目，豆亚目，豆科，蝶形花亚科，菜豆族，豇豆属。

生境分布：生于山坡、草丛、灌木丛中，主要分布于我国北部、东南部至南部。国外的日本、菲律宾也有分布。

形态性状：一年生缠绕草本；茎纤细，无毛或被疏毛；三出羽状复叶，托叶披针形，小叶卵形、卵状披针形、披针形或线形，先端急尖或钝，两面近无毛或被极稀疏的糙伏毛；总状花序通常有花 3~4 朵，总花梗远长于叶柄；花萼钟状，具不等大的 5 齿，裂齿被硬缘毛，蝶形花冠黄色，旗瓣极外弯，近圆形，龙骨瓣具长而尖的耳；荚果圆柱形，无毛，开裂后旋卷；种子 4~8 粒，长圆形，深灰色；花果期 8—10 月。

耐盐能力：可生长于海滨滩涂区域，具有一定的耐盐性。

资源价值：生命力极强，可以作为优质饲草开发利用；种子也可作为饲料蛋白质可能的重要来源而加以研究利用；贼小豆中硒的含量高于其他常见豆类，如绿豆 (*Vigna radia*) 等，有望开发成保健食品。

繁殖方式：主要通过种子进行繁殖。

参考文献

范可章，杨家新，王荣，等，2013. 贼小豆基本生物学特性及其饲用价值探索 – 与赤小豆和家绿豆比较研究 [J]. 广西植物，33(3): 410–415.

高向阳，韩帅，马荣坤，2013. 郑州地区野生贼小豆资源特性研究初报 [J]. 广东农业科学，40(12): 164–166.

高向阳，韩帅，王莹莹，等，2013. 微波消解 – 氢化物原子荧光光谱法同时测定贼小豆中的砷，硒，锑 [J]. 食品科学，34(10): 215–218.

贼小豆植株

贼小豆的花

10. 紫穗槐属

紫穗槐（*Amorpha fruticosa* Linn.）

物种别名： 棉槐、椒条、棉条、穗花槐、紫翠槐、板条。

分类地位： 被子植物门，双子叶植物纲，原始花被亚纲，蔷薇目，豆科，蝶形花亚科，紫穗槐族，紫穗槐属。

生境分布： 原产美国东北部和东南部，现我国大部分省区广泛栽培，在山坡、路旁、河岸、盐碱地均可生长。

形态性状： 落叶灌木，高 1~4 米；小枝灰褐色；奇数羽状复叶，互生，托叶线形，小叶 11~25，全缘，卵形或椭圆形，先端有一短而弯曲的尖刺，上面无毛或被疏毛，下面有白色短柔毛，具腺点；穗状花序常 1 至数个顶生和枝端腋生，长 7~15 厘米，密被短柔毛；花有短梗，花萼钟状，萼齿 5，蝶形花冠退化，仅存旗瓣 1 枚，蓝紫色，向内弯曲并包裹雄蕊和雌蕊，雄蕊 10，下部合生成鞘，上部分裂；荚果短，不开裂，棕褐色，表面有凸起的疣状腺点；种子 1~2 颗。花、果期 5—10 月。

耐盐能力： 能在含盐量 0.7% 以下的盐渍化土壤上生长。

资源价值： 枝叶是很好的绿肥和动物饲料，而且对烟尘还有较强的吸附作用；枝条柔软，可编筐；果实可提炼精油；紫穗槐耐寒、耐旱、耐湿、耐盐碱、抗风沙，是抗逆性极强的灌木，可用于防风固沙、保持水土，亦是优良的绿化材料。

繁殖方式： 以种子繁殖为主，也可采用插条进行繁殖。

参考文献

刘雪云，周志宇，郭霞，等，2012. 紫穗槐植株的养分含量及分布特征 [J]. 草业学报，21(5): 264–273.

王笳，赵联甲，韩基民，等，1996. 紫穗槐精油的提取及化学成分研究 [J]. 中国野生植物资源，3: 34–36.

邹丽娜，周志宇，颜淑云，等，2011. 盐分胁迫对紫穗槐幼苗生理生化特性的影响 [J]. 草业学报，20(3):84–90.

紫穗槐是滩涂上常见灌木

紫穗槐的叶

紫穗槐的果实

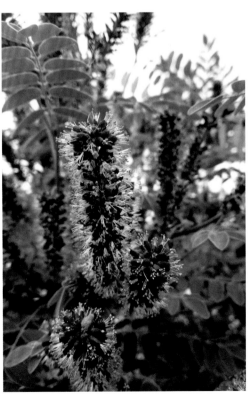

紫穗槐的花序

11. 山黧豆属

海滨山黧豆（*Lathyrus japonicus* Willd.）

物种别名：海边香豌豆。

分类地位：被子植物门，双子叶植物纲，蔷薇目，豆科，蝶形花亚科，野豌豆族，山黧豆属。

生境分布：生于海滨沙地，常呈小规模群落分布。在我国主要分布于辽宁、河北、山东、浙江等省的沿海地区。世界上广布于欧、亚、北美北方沿海地区。

形态性状：多年生草本，地下有横走根状茎；茎常匍匐；羽状复叶，托叶箭形，叶轴末端具卷须，小叶 3~5 对，长椭圆形或长倒卵形，全缘，先端圆或急尖，网脉两面显著隆起；总状花序有花 2~5 朵；花萼钟状，萼齿 5，蝶形花冠紫色，长 21 毫米，旗瓣近圆形，雄蕊二体（9+1），子房线形；荚果长约 5 厘米，棕褐色或紫褐色，熟时开裂；种子 2 至多数，近球形。花期 5—7 月，果期 7—8 月。

耐盐能力：耐盐性、抗逆性强，可正常生长于海边的盐渍环境。

资源价值：幼嫩茎叶可食；粗蛋白含量高于苜蓿（*Medicago sativa*），而且生长能力强，是一种有待开发的优质牧草；具有很强的耐盐性，可用于开发和改良盐碱地；花颜色淡雅，还可用作海滨地区的绿化材料。

繁殖方式：种子繁殖，也可通过地下茎进行繁殖。

参考文献

黄健，唐学玺，1997. 盐胁迫对海滨香豌豆叶片三种物质含量的影响 [J]. 青岛海洋大学学报：自然科学版，27(4): 509–514.

王江波，贾敬芬，2002. 发根农杆菌转化海边香豌豆及转化体的体细胞胚胎发生 [J]. 应用与环境生物学报，8(2): 190–194.

海滨山黧豆群落

海滨山黧豆的叶

海滨山黧豆的花

海滨山黧豆的荚果

海滨山黧豆的全株

12. 米口袋属

米口袋 [*Gueldenstaedtia verna* (Georgi) Boriss. subsp. *multiflora* (Bunge) Tsui]

物种别名：多花米口袋、地丁。

分类地位：被子植物门，双子叶植物纲，原始花被亚纲，蔷薇目，蔷薇亚目，豆科，蝶形花亚科，山羊豆族，黄耆亚族，米口袋属。

生境分布：生于山坡、路旁、田边。分布于我国的东北、华北、华东、陕西、甘肃等地。国外的俄罗斯和朝鲜亦有分布。

形态性状：多年生矮小草本；主根圆锥状；主茎极缩短而成根颈，自根颈发出多数缩短的分茎；叶丛生于缩短的茎上，呈莲座状，奇数羽状复叶，托叶外面密被白色长柔毛，小叶 7~21，椭圆形到长卵形，被长柔毛，叶柄具沟；伞形花序具 2~6 朵花，总花梗与叶等长或稍超出，被长柔毛；花萼钟状，萼齿 5，上方二齿较大，蝶形花冠紫色，旗瓣倒卵形，顶端微缺，雄蕊二体（9+1），子房长椭圆形，花柱先端内卷；荚果长圆筒状，长 15~20 毫米，被长柔毛，熟时开裂；种子圆肾形。花期 5 月，果期 6—7 月。

耐盐能力：可分布于沿海沙地，具有一定的耐盐性。

资源价值：民间作为中药地丁应用，有清热解毒、凉血消肿的功能；近年来有关米口袋在临床和药理方面有许多报道，研究表明，含有酚类、黄酮类、甙类、甾醇等成分，可抗菌消炎，具有抗氧化活性。

繁殖方式：主要通过种子进行繁殖。

参考文献

陈立，王军宪，栗燕，等，2001. 米口袋属植物研究概况 [J]. 陕西中医，22(3): 184–185.

黄海兰，徐波，2006. 米口袋抗食用油脂氧化活性及其成分研究 [J]. 食品科学，27(11): 93–96.

马成亮，汤庚国，2005. 山东盐生植物资源及利用 [J]. 山东林业科技，3: 17–20.

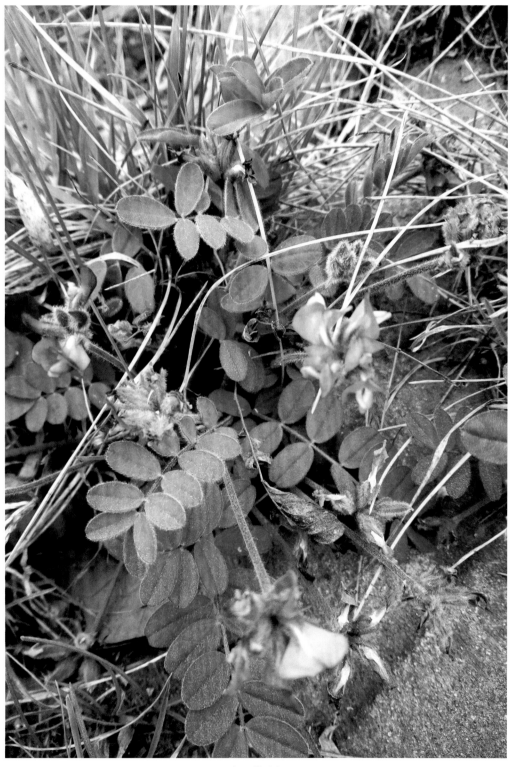

米口袋植株

13. 苜蓿属

（1）天蓝苜蓿（*Medicago lupulina* L.）

物种别名：三叶草、天蓝。

分类地位：被子植物门，双子叶植物纲，原始花被亚纲，蔷薇目，蔷薇亚目，豆科，蝶形花亚科，车轴草族，苜蓿属。

生境分布：生于河岸、路边、田野及林缘。在我国广泛分布。欧亚大陆广布，世界各地都有归化种。

形态性状：一、二年生或多年生草本，高15~60厘米，全株被柔毛或有腺毛；茎平卧或上升，多分枝；三出羽状复叶，顶生小叶较大，托叶卵状披针形，小叶倒卵形、阔倒卵形或倒心形，长5~20毫米，先端多少截平或微凹，具细尖，边缘在上半部具不明显尖齿，两面均被毛，侧脉近10对；小头状花序，具花10~20朵；花萼钟形，密被毛，蝶形花冠黄色，旗瓣近圆形，顶端微凹；荚果肾形，长3毫米，宽2毫米，表面具同心弧形脉纹，熟时变黑；种子1粒。花期7—9月，果期8—10月。

耐盐能力：具有较强的耐盐性。

资源价值：天蓝苜蓿的适应性和生存能力非常强，自然分布广泛，可以作为豆科牧草或草原草甸的改良补播草种；草质优良，具有很高的饲用价值；耐盐性强，可用于盐碱地改良；花叶美观，亦可做观赏。

繁殖方式：主要通过种子进行繁殖。

参考文献

曹致中，冯毓琴，马晖玲，等，2003.养护的草坪绿地植物 – 天蓝苜蓿 [J]. 草业科学，20(4): 58–60.

冯毓琴，曹致中，贾蕴琪，等，2007.天蓝苜蓿野生种质的耐盐性研究 [J]. 草业科学，24(5): 27–33.

张德辉，孙亚丽，赵亮，等，2015.天蓝苜蓿锌胁迫下实时定量 PCR 内参基因筛选 [J]. 中国环境科学，35(3): 833–838.

天蓝苜蓿植株

天蓝苜蓿的叶片和花序

（2）紫苜蓿（*Medicago sativa* L.）

物种别名：苜蓿。

分类地位：被子植物门，双子叶植物纲，原始花被亚纲，蔷薇目，蔷薇亚目，豆科，蝶形花亚科，车轴草族，苜蓿属。

生境分布：生于田边、路旁、草原、河岸等地。全国各地都有栽培或呈半野生状态。世界各国广泛种植。

形态性状：多年生草本，高 30~100 厘米；根粗壮；茎直立、丛生或平卧，四棱形；三出羽状复叶，小叶长卵形、倒长卵形至线状卵形，等大，纸质，先端钝圆，具由中脉伸出的长齿尖，边缘 1/3 以上具锯齿，下面被贴伏柔毛；花序总状或头状，具花 5~30 朵；花小，花萼钟形，萼齿 5，被贴伏柔毛，蝶形花冠，淡黄、深蓝至暗紫色，旗瓣长圆形，先端微凹，明显较翼瓣和龙骨瓣长；荚果螺旋状紧卷 2~4 (6) 圈，中央熟时棕色；种子 10~20 粒。花期 5—7 月，果期 6—8 月。

耐盐能力：有一定的耐盐性。

资源价值：鲜苜蓿营养丰富，维生素 C 及钙、铁、硒等矿物元素含量较高，具有较高的食用价值；产量高，蛋白含量高，适口性好，是良好的牧草；对贫血、关节疾病等均有帮助；还可用作利尿剂；紫苜蓿生命力强，是防沙固沙、绿化山区和贫瘠地带的优良物种。

繁殖方式：主要通过种子进行繁殖。

参考文献

刘晶，才华，刘莹，等，2013. 两种紫花苜蓿苗期耐盐生理特性的初步研究及其耐盐性比较 [J]. 草业学报，22(2): 250–256.

孙彦，龙瑞才，张铁军，等，2013. 紫花苜蓿皂苷研究进展 [J]. 草业学报，22(3): 274–283.

张立全，张凤英，哈斯，等，2012. 紫花苜蓿耐盐性研究进展 [J]. 草业学报，21(6): 296–305.

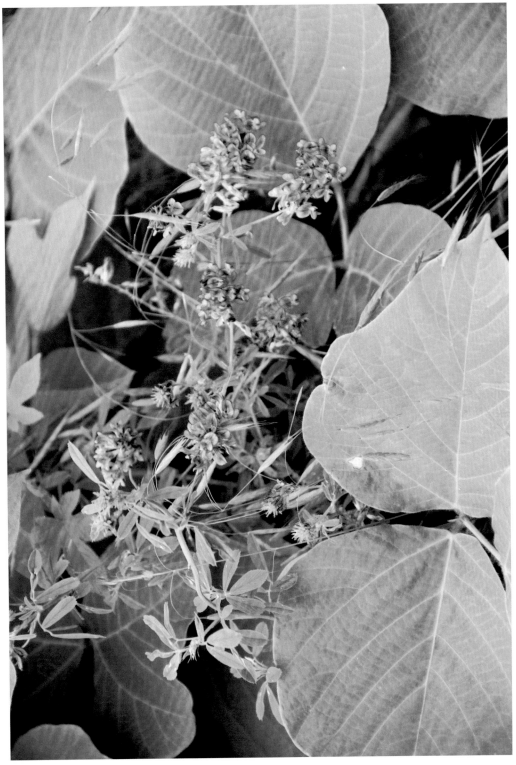

紫苜蓿的叶和花

14. 猪屎豆属

野百合（*Crotalaria sessiliflora* L.）

物种别名：农吉利、紫花野百合、倒挂山芝麻、羊屎蛋。

分类地位：被子植物门，双子叶植物纲，原始花被亚纲，蔷薇目，蔷薇亚目，豆科，蝶形花亚科，猪屎豆族，猪屎豆属，唇萼组，圆柱果系。

生境分布：生荒地、路旁及山谷草地。国内大部分省份均有分布。中南半岛、南亚、太平洋诸岛及朝鲜、日本等也有分布。

形态性状：直立草本，高 30~100 厘米；茎被粗糙的长柔毛；托叶线形，单叶互生，几乎无叶柄，叶片通常为线形或线状披针形，渐尖，上面近无毛，下面密被丝质短柔毛；总状花序，亦有叶腋生出单花，花 1 至多数；花萼二唇形，长 10~15 毫米，密被棕褐色长柔毛，蝶形花冠蓝色或紫蓝色，包被萼内，旗瓣长圆形，先端钝或凹，雄蕊连合成单体；荚果短圆柱形，包被萼内，下垂紧贴于枝；种子 10~15 颗。花果期 5 月至翌年 2 月。

耐盐能力：可生长于海滨滩涂区域，具有一定的耐盐性。

资源价值：可供药用，有清热解毒、消肿止痛、破血除瘀等效用；亦可治疗风湿麻痹、跌打损伤、疮毒、癣疥等症；株型花色美观，可供观赏。

繁殖方式：主要通过种子进行繁殖。

参考文献

曾军英，李胜华，伍贤进，2014. 野百合黄酮类化学成分研究 [J]. 中国药学杂志，49(14): 1190–1193.

范翠梅，俞桂新，朱恩圆，2016. 野百合的化学成分研究 [J]. 药学学报，51(5): 775–779.

范翠梅，田新宇，渠田田，等，2015. 野百合中异黄酮类成分研究 [J]. 中草药，46(22): 3297–3303.

野百合植株

野百合的花和果实

野百合的花

15. 田菁属

田菁 [*Sesbania cannabina* (Retz.) Poir.]

物种别名：碱青、涝豆、绿肥草。

分类地位：被子植物门，双子叶植物纲，原始花被亚纲，蔷薇目，豆科，蝶形花亚科，刺槐族，田菁属。

生境分布：生于水田、水沟等潮湿低地。国内主要分布于海南、江苏、浙江、江西、福建、广西、云南等地，栽培或野生。国外的伊拉克、印度、马来西亚、澳大利亚等也有分布。

形态性状：一年生草本，高 3~3.5 米，基部有多数不定根；茎绿色，微被白粉，幼枝疏被白色绢毛，折断有白色黏液；羽状复叶，叶轴长 15~25 厘米，小叶 20~30 (40) 对，全缘，叶片线状长圆形，先端钝至截平，具小尖头，两面被紫色小腺点；总状花序具 2~6 朵花；花萼斜钟状，蝶形花冠黄色，旗瓣横椭圆形至近圆形，外面散生大小不等的紫黑点和线，雄蕊二体；荚果长圆柱形，长 12~22 厘米，外面具黑褐色斑纹，喙尖，熟时开裂，种子间具横隔；种子 20~35 粒，绿褐色。花果期 7—12 月。

耐盐能力：在土壤含盐量 0.3% 的盐土上或 pH 值＝9.5 的碱地上都能生长。

资源价值：茎、叶可作绿肥及牲畜饲料；根入药，性甘、苦、平，具有清热利尿、凉血解毒的功效；叶入药，可用于治疗尿血、毒蛇咬伤；田菁适应性强，耐盐、耐涝、耐瘠、耐旱、抵抗病虫及风的能力强，可作为改良盐碱土的先锋植物；同时对重金属离子具有富集作用，也可用于重金属污染土壤的改良。

繁殖方式：主要通过种子进行繁殖。

参考文献

崔大练，马玉心，俞兴伟，2012. 重金属 Zn^{2+}、Cd^{2+} 对田菁生理生化指标的影响 [J]. 安徽农业科学，40(1): 376–378.

谢文军，王济世，靳祥旭，等，2016. 田菁改良重度盐渍化土壤的效果分析 [J]. 中国农学通报，32(6): 119–123.

张立宾，郭新霞，常尚连，2012. 田菁的耐盐能力及其对滨海盐渍土的改良效果 [J]. 江苏农业科学，40(2): 310–312.

田菁的花

田菁的叶片和果实

山东滨海滩涂植物

（十三）蒺藜科

1. 蒺藜属

蒺藜（*Tribulus terrester* L.）

物种别名：白蒺藜、名茨、旁通、屈人、止行、休羽、升推。

分类地位：被子植物门，双子叶植物纲，蔷薇亚纲，牻牛儿苗目，蒺藜科，蒺藜属。

生境分布：生于山坡、荒地、沙地、居住区附近。分布于全国各地。全球温带都有分布。

形态性状：一年生草本；茎平卧，较长；偶数羽状复叶，长 1.5~5 厘米，小叶 3~8 对，矩圆形或斜短圆形，先端锐尖或钝，被柔毛，全缘；花腋生，萼片 5，宿存，花瓣 5，黄色，雄蕊 10，生于花盘基部，子房 5 棱；果实由 5 个不开裂的分果瓣组成，果皮硬，中部边缘有 2 枚锐刺，下部常有 2 枚小锐刺，其余部位常有小瘤体。花期 5—8 月，果期 6—9 月。

耐盐能力：可生长于海滨滩涂区域，具有一定的耐盐性。

资源价值：幼嫩茎叶可作饲料；蒺藜是我国最早应用的中药之一，现代药理学研究证明，蒺藜全草具有抗癌、抗衰老、降血糖等作用，尤其对心脑血管系统具有良好的药理活性，已在临床上广泛应用；果实入药，具有平肝明目、活血祛风、祛痰止咳等功效。

繁殖方式：主要通过种子进行繁殖。

参考文献

曹惠玲，陈浩宏，许士凯，2001. 蒺藜及其有效成分的药理与临床研究进展 [J]. 中成药，23(8): 602-605.

杨莉，韩忠明，杨利民，等，2010. 水分胁迫对蒺藜光合作用、生物量和药材质量的影响 [J]. 应用生态学报，10: 2523-2528.

褚书地，瞿伟菁，李穆，等，2003. 蒺藜化学成分及其药理作用研究进展 [J]. 中国野生植物资源，22(4): 4-7.

蒺藜是海边滩涂常见物种

蒺藜的叶片和花

蒺藜的果实

2. 白刺属

小果白刺（*Nitraria sibirica* Pall.）

物种别名：白刺、西伯利亚白刺、酸胖、哈莫儿、卡蜜、旁白日布、哈日木格。

分类地位：被子植物门，木兰纲，蔷薇亚纲，无患子目，蒺藜科，白刺属。

生境分布：生于沙漠、盐渍化沙地等。分布于我国各沙漠地区、华北及东北沿海沙区。国外的蒙古、中亚、西伯利亚也有分布。

形态性状：灌木，高 0.5~1.5 米；多分枝，枝铺散，先端针刺状；单叶互生，倒披针形，质厚，近无柄，在嫩枝上 4~6 片簇生，先端锐尖或钝；聚伞花序长 1~3 厘米；花小，萼片 5，绿色，花瓣 5，黄绿色或近白色，雄蕊 10~15；核果，长 6~8 毫米，椭圆形或近球形，熟时暗红色，味甜而微咸，果核骨质。花期 5—6 月，果期 7—8 月。

耐盐能力：能耐受较高浓度的盐浓度，抗逆能力强，能正常生长于沙漠地区及沿海滩涂。

资源价值：果实味甜，营养丰富，被誉为"沙漠樱桃"，鲜果还可制糖；幼嫩茎叶可做饲料；种子可榨油，具有较高的食用价值和饲用价值；果实入药，性甘、微咸，有健脾胃、助消化和调理气血的功效；耐旱寒，抗盐碱，抗风蚀沙埋，是优良防风固沙先锋植物；株型美观，果实颜色鲜艳，亦可供观赏。

繁殖方式：主要通过种子进行繁殖，沙埋枝条可以生出不定根。

参考文献

史滟渽，杨静慧，左凤月，等，2014 盐胁迫对 3 种白刺种子萌发的影响及其耐盐性比较 [J]. 河南农业科学，43(9): 124–128.

张勇，李鹏，李彩霞，等，2007. 甘肃白刺属 3 种植物叶片营养成分含量的测定与分析 [J]. 草业科学，24(7): 37–39.

左凤月，郝秀芬，陈占峰，等，2013. 小果白刺和泡果白刺的耐盐性 [J]. 天津农学院学报，20(2): 11–14.

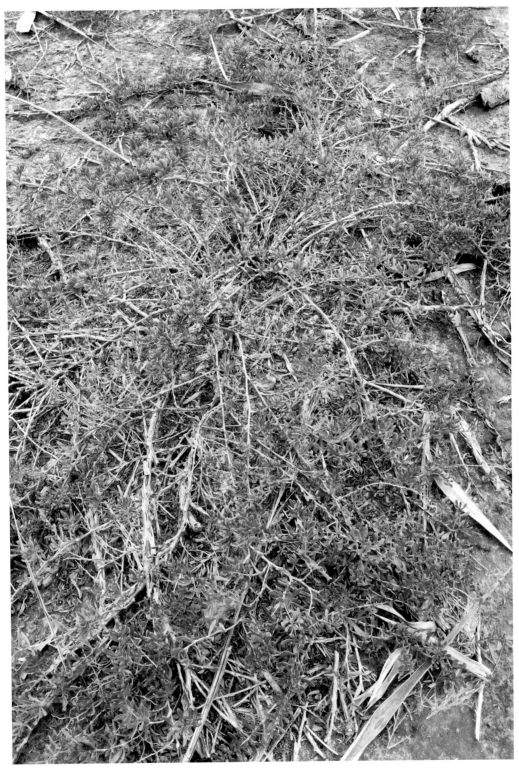

小果白刺植株

（十四）楝科

楝属

楝（*Melia azedarach* L.）

物种别名：苦楝、哑巴树。

分类地位：被子植物门，双子叶植物纲，无患子目，芸香亚目，楝科，楝亚科，楝族，楝属。

生境分布：生于低海拔旷野、路旁或疏林中，喜光及温暖气候，喜肥。产于我国黄河以南各省区，现已广泛栽培。广布于亚洲热带和亚热带地区，温带地区也有栽培。

形态性状：落叶乔木，高可达 10 余米；树皮灰褐色，纵裂；叶互生，2~3 回奇数羽状复叶，长 20~40 厘米，小叶卵形、椭圆形至披针形，边缘有钝锯齿；圆锥花序约与叶等长；花芳香，花萼 5 深裂，外面被微柔毛，花瓣淡紫色，倒卵状匙形，雄蕊花丝联合成管，紫色，花药 10 枚，子房近球形；核果球形至椭圆形，成熟后黄色，内果皮木质，4~5 室，每室有 1 颗种子。花期 4—5 月，果期 10—12 月。

耐盐能力：楝树具有一定的抗盐能力，在 0.2%NaCl 浓度时可正常生长。

资源价值：木材优良，淡红褐色，纹理细腻美丽，是制造高级家具和乐器的优良材料；从楝树中提炼的楝素可用于生产牙膏、肥皂、洗面奶、沐浴露等产品；根皮、果实入药，可驱蛔虫、治疗头癣；鲜叶可作农药；楝树耐烟尘，抗二氧化硫能力强，并能杀菌，适宜作庭荫树和行道树，是良好的城市及矿区绿化树种。

繁殖方式：可通过种子进行繁殖，也可通过扦插进行营养繁殖。

参考文献

姜萍，安鑫南，2005.苦楝素提取方法的比较研究 [J]. 林产化学与工业，25(4): 79–82.

姜萍，叶汉玲，安鑫南，2004.苦楝提取物的提取及其抑菌活性的研究 [J]. 林产化学与工业，24(4): 23–27.

魏海霞，孙明高，夏阳，等，2005.NaCl 胁迫对苦楝细胞膜透性和有机渗透调节物质含量的影响 [J]. 甘肃农业大学学报，40(5): 599–603.

棟的植株

棟的花

棟的果实

棟成熟的果实

（十五）大戟科

1. 铁苋菜属

铁苋菜（*Acalypha australis* L.）

物种别名： 铁苋头。

分类地位： 被子植物门，被子植物亚门，双子叶植物纲，原始花被亚纲，大戟目，大戟亚目，大戟科，铁苋菜亚科，铁苋菜族，铁苋菜属。

生境分布： 生于平原、山坡、荒地等处。中国除西部高原或干燥地区外，大部分省区均有分布。国外的俄罗斯远东地区、朝鲜、日本、菲律宾、越南、老挝也有分布。

形态性状： 一年生草本，高 0.2~0.5 米；单叶互生，托叶披针形，叶片膜质，长卵形、近菱状卵形或阔披针形，边缘具圆锯齿，下面沿中脉具柔毛，基出脉 3 条；花序腋生，雄花生于花序上部，穗状或头状，雌花生于花序下部，苞片 1~2（4）枚，卵状心形，花后增大，边缘具三角形齿，苞腋具雌花 1~3 朵；蒴果直径 4 毫米，果皮具疏生毛和毛基变厚的小瘤体；种子近卵形。花果期 4—12 月。

耐盐能力： 可生长于海滨滩涂区域，具有一定的耐盐性。

资源价值： 幼嫩茎叶可食，富含蛋白质、脂肪、胡萝卜素和钙等；全草或地上部分入药，具有清热解毒、利湿消积、收敛止血、抑菌的功效，用于治疗肠炎、皮炎、湿疹、毒蛇咬伤等，是苋菜黄连素胶囊的主要原料。

繁殖方式： 主要通过种子进行繁殖。

参考文献

王春景，刘高峰，李晶，等，2010. 铁苋菜黄酮类化合物的提取及清除羟自由基作用的研究 [J]. 光谱实验室，3: 797–802.

邓莉，胡晋红，鲁莹，等，2007. 铁苋菜对溃疡性结肠炎模型大鼠抗氧化和抗 NO 自由基作用 [J]. 中成药，1: 36–40.

梁曾恩妮，蒋道松，刘作梅，等，2008. 铁苋菜总黄酮提取工艺优化及其抑菌效果的初步鉴定 [J] 湖南农业科学，2: 110–112.

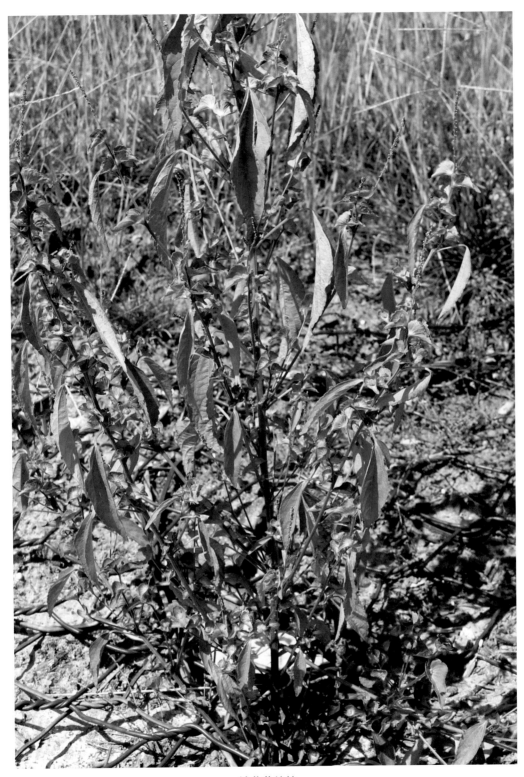

铁苋菜植株

2. 大戟属

（1）乳浆大戟 (*Euphorbia esula* L.)

物种别名：猫眼草、烂疤眼、乳浆草。

分类地位：被子植物门，双子叶植物纲，原始花被亚纲，大戟目，大戟亚目，大戟科，大戟亚科，大戟族，大戟属，乳浆大戟亚属，乳浆大戟组。

生境分布：生于山坡、林下、路旁、杂草丛、河沟边、沙丘等。除海南、贵州、云南和西藏外，广泛分布于我国各省区。欧亚大陆广泛分布。

形态性状：多年生草本，高 30~60 厘米；根圆柱形，褐色或黑褐色；茎单生或丛生，有白色乳汁；叶互生，常无柄，叶片全缘，线形至卵形，不育枝叶常为松针状；总苞叶 3~5 枚，与茎生叶同形，伞辐 3~5；苞叶 2 枚，常为肾形，杯状聚伞花序由 1 枚位于中间的雌花和多枚位于周围的雄花同生于 1 个杯状总苞内而组成；雄花无花被，仅有 1 枚雄蕊，雌花常无花被，子房柄明显伸出，腺体 4，新月形；蒴果三棱状球形；种子卵球状。花果期 4—10 月。

耐盐能力：可在沿海沙地上生长，具有一定的耐盐性。

资源价值：中国民间传统草药，全草入药，有祛痰、镇咳、拔毒止痒、抑菌等功效，在临床上用来治疗肝硬化腹水、急性胰腺炎、肾病综合征等疾病；水提物可抑制人肺癌细胞的增殖；乳浆大戟植物杀虫水乳剂对蚜虫表现出很高的毒杀活性；除作为药用外，乳浆大戟对汞还具有明显的富集作用，可作为汞污染环境的修复植物。

繁殖方式：可利用种子繁殖。

参考文献：

刘畅，王芳，张蓉，等，2014. 乳浆大戟植物杀虫水乳剂对枸杞蚜虫的毒力测定及田间防效 [J]. 农药，53(9): 680–682.

王爱红，庞秋霞，陈美霓，等，2014. 乳浆大戟提取物对人肺癌细胞生长的影响 [J]. 山西医科大学学报，45 (6): 460–464.

王明勇，乙引，2010. 一种新发现的汞富集植物——乳浆大戟 [J]. 江苏农业科学，2:354–356.

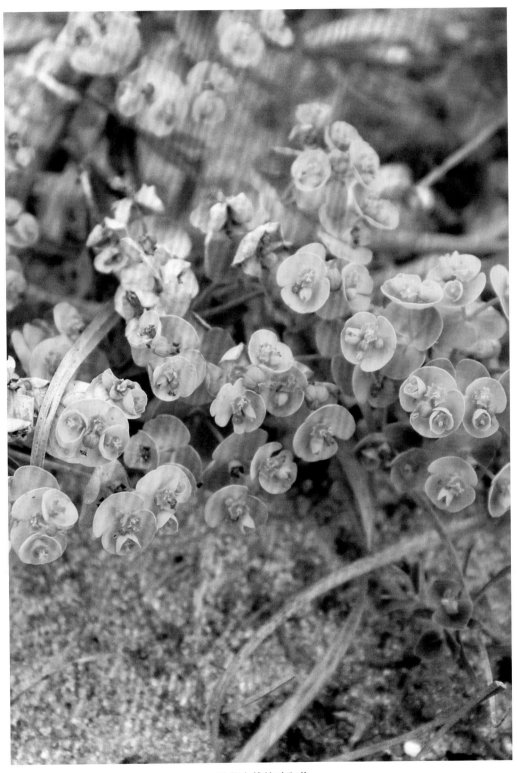

乳浆大戟的叶和花

（2）斑地锦（*Euphorbia maculata* L.）

物种别名：血筋草。

分类地位：被子植物门，双子叶植物纲，原始花被亚纲，大戟目，大戟亚目，大戟科，大戟亚科，大戟族，大戟属，地锦草亚属，地锦草组。

生境分布：生于平原、路旁、沙土上。原产北美，归化于欧亚大陆。我国产于江苏、江西、浙江、山东、湖北、河南、河北等省。

形态性状：一年生草本；茎平卧地面生长，被白色柔毛，有乳汁；叶对生，长椭圆形至肾状长圆形，长 6~12 毫米，先端钝，边缘中部以上常具细小疏锯齿，叶面绿色，中部常具有一个长圆形的紫色斑点，叶柄极短；花序单生于叶腋，总苞狭杯状，边缘 5 裂，腺体 4，黄绿色，横椭圆形；雄花 4~5，雌花 1，子房柄伸出总苞外，子房被柔毛；蒴果三角状卵形，长约 2 毫米，被稀疏柔毛，成熟时易分裂为 3 个分果爿；种子卵状四棱形。花果期 4—9 月。

耐盐能力：可在滨海盐碱地上生长。

资源价值：常用中药，全草入药，用于治疗菌痢、肠炎、各种出血症、病毒性肝炎等；化学成分主要为鞣质、黄酮类、萜类及甾醇等，对多种致病菌有明显抑制及杀菌作用。

繁殖方式：可用种子进行繁殖。

参考文献

褚小兰，廖万玉，楼兰英，2001. 地锦类中草药的药理作用研究 [J]. 时珍国医国药，12(3): 193–194.

柳润辉，孔令义，2001. 斑地锦的化学成分 [J]. 植物资源与环境学报，10(1): 60–61.

邵留，沈盈绿，郑曙明，2005. 斑地锦总黄酮的提取及抑菌作用 [J]. 西南农业大学学报（自然科学版），27(6): 902–905.

斑地锦植株

斑地锦的花序

（十六）漆树科

盐肤木属

盐肤木（*Rhus chinensis* Mill.）

物种别名：五倍子树、五倍子柴、五倍子、山梧桐、木五倍子、乌桃叶、乌盐泡、乌盐桃、红叶桃、土椿树。

分类地位：被子植物门，双子叶植物纲，无患子目，漆树亚目，漆树科，盐肤木属。

生境分布：喜光，生于向阳山坡、沟谷、灌丛，现已广泛栽培。对气候及土壤的适应性很强，我国除东北、内蒙古和新疆外，其余地区均有分布。国外的印度、马来西亚、印度尼西亚、日本和朝鲜等亦有分布。

形态性状：落叶小乔木或灌木，高 2~10 米；小枝棕褐色，被锈色柔毛，具圆形小皮孔；叶互生，奇数羽状复叶，叶轴具宽的叶状翅，叶轴和叶柄密被锈色柔毛，小叶 2~6 对，卵形或椭圆状卵形或长圆形，边缘具粗锯齿或圆齿，叶背被锈色柔毛，脉上较密；圆锥花序宽大，多分枝，雄花序长 30~40 厘米，雌花序较短，密被锈色柔毛；花小，白色，花萼 5 裂，宿存，花瓣 5，椭圆状卵形；核果球形，直径 4~5 毫米，被柔毛和腺毛，成熟时红色。花期 8—9 月，果期 10 月。

耐盐能力：可耐受一定的盐度。

资源价值：中国主要经济树种，本种为五倍子蚜虫的寄主植物，在幼枝和叶上形成虫瘿，即五倍子，可供鞣革、医药等用；花期蜜粉丰富，是良好的蜜源植物；适应性强，观赏价值高，是常见的园林绿化树种；根、叶、花及果均可入药，有清热解毒、舒筋活络、涩肠止泻之功效；种子还可榨油。

繁殖方式：可用种子繁殖或压根繁殖法。

参考文献

高洁莹，龚力民，刘平安，等，2015.盐肤木属植物研究进展 [J]. 中国实验方剂学杂志，8: 215–218.

王占军，王静，焦小雨，等，2016.盐胁迫及外源钙处理对盐肤木种子萌发的影响 [J]. 基因组学与应用生物学，35(3): 706–714.

陈存武，张莉，何晓梅，等，2010.盐肤木果实常规营养成分分析 [J]. 畜牧与饲料科学，31(4): 2–5.

盐肤木的叶子和果实

盐肤木的皮孔

（十七）无患子科

栾树属

栾树（*Koelreuteria paniculata* Laxm.）

物种别名：木栾、栾华、乌拉、乌拉胶、黑色叶树、石栾树、黑叶树、木栏牙。

分类地位：被子植物门，双子叶植物纲，原始花被亚纲，无患子目，无患子科，车桑子亚科，栾树属。

生境分布：山区、平原均有分布，对环境的适应性强。产于我国大部分省区。世界各地有栽培。

形态性状：落叶乔木或灌木；树皮灰褐色至灰黑色，老时纵裂；叶互生，一回、不完全二回或偶有二回羽状复叶，小叶 7~18 片，卵形、阔卵形至卵状披针形，边缘有不规则的钝锯齿；聚伞圆锥花序大型；花淡黄色，稍芬芳，花瓣 4，线状长圆形，瓣片基部的鳞片开花时橙红色；蒴果膨胀，圆锥形，具 3 棱，熟时开裂为 3 果瓣，果瓣膜质，有网状脉纹；种子球形，黑色。花期 6—8 月，果期 9—10 月。

耐盐能力：可生长于海滨滩涂区域，具有一定的耐盐性。

资源价值：木材黄白色，易加工，可制作家具；花、叶、果实观赏价值高，是理想的绿化树种；根系发达，萌蘖性强，具有较强的抗污染和适应性等特点，可用于矿区植被恢复；栾树叶提取物中富含没食子酸、没食子酸甲酯、没食子酸乙酯等，对多种细菌和真菌有抑制作用。

繁殖方式：可通过种子繁殖，也可通过扦插进行营养繁殖。

参考文献

李馨，姜卫兵，翁忙玲，2009. 栾树的园林特性及开发利用 [J]. 中国农学通报，25(1): 141–146.

田大伦，李雄华，罗赵慧，等，2014. 湘潭锰矿废弃地不同林龄栾树人工林碳储量变化趋势 [J]. 生态学报，34(8): 2137–2145.

杨小凤，雷海民，付宏征，等，2000. 栾树种子中黄酮类化学成分 [J]. 药学学报，35(3): 208–211.

栾树植株

栾树的叶

栾树的花

栾树的花和幼果

（十八）锦葵科

1. 锦葵属

圆叶锦葵（*Malva pusilla* Smith）

物种别名：野锦葵、金爬齿、托盘果、烧饼花。

分类地位：被子植物门，双子叶植物纲，锦葵目，锦葵科，锦葵族，锦葵属。

生境分布：耐干旱，多生于荒野、草坡、海滨山坡。分布于我国的河北、山东、河南、江苏、安徽、山西、陕西、甘肃、新疆、西藏、四川、贵州、云南等省区。分布于欧洲和亚洲各地。

形态性状：多年生草本，高 25~50 厘米；茎被粗毛；叶互生，肾形，边缘具细圆齿，偶为 5~7 浅裂，上、下面均被柔毛，叶柄长 3~12 厘米，托叶小；花通常 3~4 朵簇生于叶腋，偶有单生于茎基部的；花萼钟形，长 5~6 毫米，被星状柔毛，裂片 5，花白色至浅粉红色，长 10~12 毫米，花瓣 5，倒心形，单体雄蕊；果实扁圆形，直径 5~6 毫米，分果片 13~15，被短柔毛；种子肾形。花果期 5—10 月。

耐盐能力：属多年生宿根盐生植物，具有很高的耐盐性。

资源价值：性甘、温，入药有益气止汗、利尿通乳、托毒排脓的功效；生长旺盛，是水土保持和栖息地环境保持的优良植物；花色雅致，可供观赏。

繁殖方式：主要通过种子进行繁殖。

参考文献

贾风勤，张娜，杨瑞瑞，等，2013. 伊犁四爪陆龟保护区荒漠 – 绿洲交错带圆叶锦葵种群构件的生长分析 [J]. 干旱区研究，30(5): 822-826.

张磊，乔玄，任瀛，等，2015. 陕西省淳化县中药资源调查初报 [J]. 现代中医药，35(2): 76-78.

圆叶锦葵植株

圆叶锦葵未开的花

2. 蜀葵属

蜀葵 [*Althaea rosea* (Linn.) Cavan.]

物种别名：一丈红、大蜀季、戎葵、吴葵、卫足葵、胡葵、斗蓬花、秫秸花、麻杆花。

分类地位：被子植物门，双子叶植物纲，五桠果亚纲，锦葵目，锦葵科，锦葵族，蜀葵属。

生境分布：喜阳光充足，耐半阴，忌涝，在疏松肥沃，排水良好，富含有机质的沙质土壤中生长良好。原产中国西南地区，全国各地广泛栽培，供观赏。世界各地广泛栽培。

形态性状：二年生直立草本，高可达2米；茎枝密被刺毛；叶互生，近圆心形，掌状5~7浅裂，上面疏被星状柔毛，粗糙，下面被星状长硬毛或茸毛，叶柄被星状长硬毛，托叶卵形；花腋生，单生或近簇生，具叶状苞片；花萼钟状，5齿裂，密被星状粗硬毛，花大，有红、紫、白、粉红、黄和黑紫等色，单瓣或重瓣，花瓣倒卵状三角形，先端凹缺，单体雄蕊；果盘状，直径约2厘米，被短柔毛，分果爿近圆形，多数，具纵槽。花期2—8月。

耐盐能力：耐盐碱能力强，在含盐量0.6%的土壤中仍能生长，具有较好的耐盐性。

资源价值：花色鲜艳，具有较高观赏价值，可作为园艺品种；具有富集镉等重金属离子的作用，可作为镉污染土壤的修复植物；蜀葵以根、叶、花、种子入药，清热解毒，内服治便秘、解河豚毒、利尿，外用治疮疡、烫伤等症；花瓣中的色素易溶于酒精及热水，可作为天然功能性色素在食品中使用。

繁殖方式：通常采用播种法繁殖，也可进行分株和扦插法繁殖。分株繁殖在春季进行，扦插法仅用于繁殖某些优良品种。

参考文献

白瑞琴，晁公平，孙华，等，2009.重金属镉胁迫对蜀葵、二月蓝种子萌发和幼苗生长的毒害效应研究 [J]. 华北农学报，24(2): 134–138.

马超，2015.蜀葵、黑心菊对铜尾矿的耐性及铜污染环境的修复研究 [D]. 南昌：江西财经大学.

张益民，薛泽，2012.蜀葵种子水浸液对西瓜和枸杞的化感作用 [J]. 中国农学通报，28(10): 179–182.

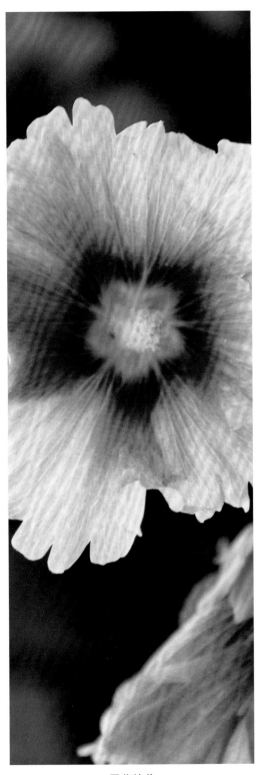

蜀葵的花　　　　　　　　　　　　　　蜀葵植株和花

3. 苘麻属

苘麻（*Abutilon theophrasti* Medicus）

物种别名：椿麻、塘麻、青麻、孔麻、桐麻、磨盘草、白麻、车轮草、青饽饽。

分类地位：被子植物门，双子叶植物纲，原始花被亚纲，锦葵目，锦葵科，锦葵族，苘麻属。

生境分布：常生于路旁、荒地和田野间。中国除青藏高原不产外，其他各省区均产，东北各地有栽培。越南、印度、日本以及欧洲、北美洲等地区亦有分布。

形态性状：一年生亚灌木状草本，可高达 1~2 米；茎枝被柔毛；单叶互生，圆心形，先端长渐尖，边缘具细圆锯齿，两面均密被星状柔毛，叶柄被星状细柔毛；花单生于叶腋，花梗被柔毛，花萼杯状，密被短茸毛，裂片 5，花黄色，花瓣 5，倒卵形，单体雄蕊，心皮 15~20，顶端平截；蒴果半球形，分果爿 15~20，被粗毛，顶端具长芒 2；种子肾形，褐色；花果期 7—10 月。

耐盐能力：苘麻对盐分有一定耐受力。低浓度 NaCl（≤ 50 毫摩尔 / 升）能促进苘麻种子萌发，高浓度的 NaCl（≥ 200 毫摩尔 / 升）则明显抑制苘麻种子萌发。

资源价值：茎皮纤维色白，具光泽，可编织麻袋、搓绳索、编麻鞋等纺织材料；种子含油量 15%~16%，供制皂、油漆和工业用润滑油；麻秆色白轻巧，可做纸扎工艺品的骨架或微型建筑造型工艺品用材；茎、叶可提苎麻浸膏，止血效果较好；种子及全草可入药，性苦，平，具有清热利湿、解毒、退翳的功效；苘麻叶片粗提物对大棚番茄烟粉虱具有一定的驱避作用。

繁殖方式：主要通过种子进行繁殖。

参考文献

赵斌，周福才，李传明，等，2011. 蓖麻和苘麻叶片粗提物对大棚番茄烟粉虱的作用 [J]. 扬州大学学报，4: 86–89.

谭永安，柏立新，肖留斌，等，2011. 苘麻对甘蓝田烟粉虱诱集效果及药剂防治评价 [J]. 环境昆虫学报，33(1): 46–51.

张秀玲，2008. 不同盐胁迫对苘麻种子萌发的影响 [J]. 江苏农业科学，1: 35–37.

苘麻植株

苘麻的花和果

4. 木槿属

野西瓜苗（*Hibiscus trionum* Linn.）

物种别名：香铃草、小秋葵、打瓜花、山西瓜秧、灯笼花、黑芝麻、火炮草。

分类地位：被子植物门，双子叶植物纲，锦葵目，锦葵科，木槿族，木槿属。

生境分布：分布广泛，资源丰富，全国各地无论平原、山野、丘陵或田埂均有分布，是常见的田间杂草。原产非洲中部，分布于欧洲至亚洲各地。

形态性状：一年生直立或平卧草本，高 25~70 厘米；茎柔软，被白色星状粗毛；叶二型，下部的叶圆形，不分裂，上部的叶掌状，3~5 深裂，疏被粗硬毛，叶柄被星状粗硬毛和星状柔毛，托叶线形；花单生叶腋，花梗被星状粗硬毛，花萼钟形，萼裂片 5，淡绿色，被粗长硬毛或星状粗长硬毛，花淡黄色，内面基部紫色，花瓣 5；蒴果长圆状球形，被粗硬毛，分果爿 5，果皮薄，黑色；种子肾形，黑色。花期 7—10 月。

耐盐能力：属于高耐盐植物，耐盐范围为 0.4%~0.6%。

资源价值：全株可入药，具有清热解毒、祛风除湿、止咳、利尿的功效，用于急性关节炎，感冒咳嗽，肠炎等；外用可治烧伤、烫伤及疮毒；种子具有润肺止咳、补肾的功效；另外，种子油脂肪酸组成较丰富，尤其是亚油酸含量高达 63.61%，有望作为一种潜在的油脂资源进行综合利用。

繁殖方式：主要通过种子进行繁殖，种子需经过越冬休眠于翌年春季萌发生长。

参考文献

胡开峰，侯秀云，宫玉婷，2006. 野西瓜苗种子油理化性质和脂肪酸成分分析 [J]. 食品科学，27(11)：455-457.

刘文娟，杨敏丽，林坤，2011. 野西瓜苗化学成分的初步研究 [J]. 中华中医药学刊，29(8): 1756-1757.

王聪丽，2015. 沧州滨海区耐盐植物引种筛选及种植试验研究 [D]. 保定：河北农业大学.

野西瓜苗与碱蓬

野西瓜苗植株

（十九）柽柳科

柽柳属

柽柳（*Tamarix chinensis* Lour.）

物种别名：三春柳、西湖杨、观音柳、红筋条、红荆条、红柳。

分类地位：被子植物门，双子叶植物纲，原始花被亚纲，侧膜胎座目，山茶亚目，柽柳科，柽柳属。

生境分布：喜光，生于海滨、河流冲积平原、盐碱沙荒地及灌溉盐碱地边。在我国野生于辽宁、河北、河南、山东、江苏（北部）、安徽（北部）等省；栽培于我国东部至西南部各省区。日本、美国也有栽培。

形态性状：乔木或灌木，高 3~6 米；老枝直立，暗褐红色，光亮，幼枝稠密细弱，常开展而下垂，红紫色或暗紫红色，有光泽；叶鲜绿色，钻形或卵状披针形，半贴生，长 1.5~1.8 毫米，上部绿色营养枝上的叶先端渐尖而内弯；每年开花两、三次，花小，春季开花时，总状花序较短，花较少，夏、秋季开花时，总状花序长，组成顶生大圆锥花序，疏松而通常下弯，花密生；花萼 5 裂，宿存，花瓣 5，粉红色，雄蕊 5；蒴果圆锥形，室背三瓣裂；种子多数，细小，顶端具白色长柔毛。花期 4—9 月。

耐盐能力：具盐腺，属泌盐植物。耐盐碱土，能在含盐量 1.2% 的盐碱地上正常生长。

资源价值：枝叶入药，可发汗；枝条坚韧，可用来编筐；枝叶纤细，一年开花 3 次，极具观赏价值，可栽于庭院、公园等处作观赏用；根系发达，既耐干，又耐水湿，抗风能力强，是海滨等处盐碱地及沙荒地造林的重要树种。

繁殖方式：可采用扦插、播种、压条、分株等方法进行繁殖。

参考文献

陈鹏飞，刘长安，张悦，等，2016.滨海湿地柽柳 (*Tamarix chinensis*) 灌丛生物量估算模型 [J]. 海洋环境科学，35(4): 551–556.

陈阳，王贺，张福锁，等，2010. 新疆荒漠盐碱生境柽柳盐分分泌特点及其影响因子 [J]. 生态学报，30(2): 511–518.

朱金方，夏江宝，陆兆华，等，2012. 盐旱交叉胁迫对柽柳幼苗生长及生理生化特性的影响 [J]. 西北植物学报，32(1): 124–130.

柽柳是滩涂灌丛主要建群物种

柽柳较耐海水

柽柳植株

柽柳用于海滩固沙

柽柳用于道路绿化

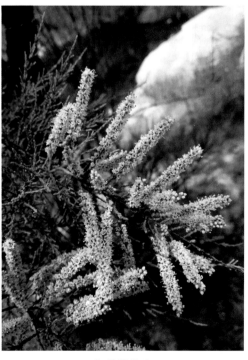

柽柳的花序

（二十）柳叶菜科

1. 月见草属

（1）月见草（*Oenothera biennis* L.）

物种别名：夜来香、待霄草、山芝麻、野芝麻。

分类地位：被子植物门，双子叶植物纲，蔷薇亚纲，桃金娘目，柳叶菜科，月见草属。

生境分布：生于山坡、路旁。原产北美洲，引入欧洲后传播于世界各地。在我国东北、华北、华东、西南有栽培或野生。

形态性状：二年生粗壮草本，高可达 2 米；全株具毛；基生叶丛生，莲座状，倒披针形，茎生叶互生，椭圆形至倒披针形，先端锐尖至短渐尖，边缘每边有 5~19 枚稀疏钝齿，两面被柔毛，常混生有腺毛；穗状花序，花蕾锥状长圆形，长 1.5~2 厘米，顶端具长约 3 毫米的喙；花大而美丽，萼片 4，绿色，有时带红色，花瓣 4，黄色，较大，雄蕊 8，子房下位，圆柱状，具 4 棱；蒴果锥状圆柱形，向上变狭，直立，具明显的棱；种子暗褐色，较多。花果期 5—10 月。

耐盐能力：适宜的低盐浓度会促进月见草生长，随着盐浓度的增加，月见草的生长明显被抑制。

资源价值：月见草是一种极具开发前景的植物，其幼嫩茎叶、根、花等均可食用或药用；根入药，可解热、治感冒和喉炎等；月见草花含芳香油，可制浸膏，用于日化加香产品；种子含油量高，特别是含有多种不饱和脂肪酸、亚油酸和稀有的 γ-亚麻酸（GLA），具有降低胆固醇、防止动脉硬化、美容、减肥、抗癌、抗溃疡和抗衰老等作用，被誉为功能食品；月见草还是一种绿化观赏花卉植物。

繁殖方式：利用种子进行繁殖。

参考文献

石燕，李如一，王辉，2014.月见草油微胶囊的制备及微观结构分析 [J]. 食品科学，35(21): 5-9.

闫道良，孙一香，宗松晗，2010.不同质量分数 NaCl 对月见草生理指标的影响 [J]. 东北林业大学学报，38(7): 54-55.

闫道良，张晓艳，2011.海藻糖对盐胁迫下月见草生长和生理指标的影响 [J]. 河北林业科技，3: 6-8.

于漱琦，田永清，2000.我国月见草育种、发育和栽培研究进展 [J]. 中草药，31(1):70-72.

月见草植株

月见草幼苗

月见草的花

月见草的果实

（2）黄花月见草（*Oenothera glazioviana* Mich.）

物种别名：红萼月见草、月见草、山芝麻、野芝麻。

分类地位：被子植物门，双子叶植物纲，原始花被亚纲，桃金娘目，柳叶菜科，月见草属。

生境分布：常生于荒地、路边。我国东北、华北、华东、西南等地均有栽培，并逸为野生。世界各地均有栽培。

形态性状：直立二年生至多年生草本，高 70~150 厘米；具粗大主根；茎常密被曲柔毛与疏生伸展长毛（毛基红色疱状），上部常密混生短腺毛；基生叶莲座状，倒披针形，边缘有浅波状齿，两面被曲柔毛与长毛，茎生叶螺旋状互生，狭椭圆形至披针形，边缘疏生齿突；花序穗状，生茎枝顶，密生毛；花蕾锥状披针形，顶端具长约 6 毫米的喙；花大而美丽，萼片 4，黄绿色，开花时反折，花瓣 4，黄色，宽倒卵形，先端钝圆或微凹；蒴果锥状圆柱形，向上变狭，具纵棱与红色的槽；种子棱形，褐色。花期 5—10 月，果期 8—12 月。

耐盐能力：可生长于海滨滩涂区域，具有一定的耐盐性。

资源价值：为月见草属中广泛栽培的物种，药用、食用及观赏价值与月见草相似；研究表明，黄花月见草属于对铜排斥性植物，可生长于铜污染土壤而植株及产品中铜含量不受影响，因此，黄花月见草在铜污染土壤上具有一定的推广价值。

繁殖方式：主要通过种子进行繁殖。

参考文献

陈韵，黄燕芬，唐丰利，等，2010. 黄花月见草种子发芽特性的研究 [J]. 北方园艺，23: 177–179.

贺瑶，周惜时，夏妍，等，2015. 铜排斥型植物黄花月见草 (*Oenothera glazioviana*) 对铜胁迫的响应以及在铜污染土壤上的合理利用 [J]. 农业环境科学学报，34(3): 449–460.

黄花月见草群落

黄花月见草的花

2. 山桃草属

小花山桃草（*Gaura parviflora* Dougl.）

分类地位：被子植物门，柳叶菜科，山桃草属。

生境分布：原产美国。我国的河北、河南、山东、安徽、江苏、湖北、福建等地有引种，并逸为野生杂草。

形态性状：一年生草本，主根发达，全株密被灰白色长毛与腺毛；茎不分枝，或在顶部有少数分枝；基生叶宽倒披针形，茎生叶狭椭圆形、长圆状卵形，基部楔形下延至柄；花序穗状，有时有少数分枝，常下垂；花常在傍晚开放，开放后一天内就凋谢；花管狭长，由花萼、花冠与花丝之一部分合生而成，其内基部有蜜腺，萼片4，花瓣4，白色，以后变红色，倒卵形；蒴果坚果状，纺锤形，具不明显4棱；种子4枚，或3枚，卵状，红棕色。花期7—8月，果期8—9月。

耐盐能力：具有一定的耐盐性。低浓度NaCl短期处理对其生长有促进作用，长时间NaCl处理会导致其生长受阻。

资源价值：外来入侵物种，为常见恶性杂草，危害农田或草坪；但是，研究表明，茎叶适口性好，可作为兔用饲草；对重金属铬有一定的富集能力。

繁殖方式：主要通过种子进行繁殖。

参考文献

陈志明，王玉军，于淼，等，2010. 某电镀厂附近土壤铬污染及植物富集特征研究 [J]. 中国农学通报，26(19):363–368.

杜卫兵，叶永忠，彭少麟，2003. 小花山桃草季节生长动态及入侵特性 [J]. 生态学报，23(8): 1679–1684.

薛帮群，侯冰，李双军，2012. 兔用饲草适口性研究初探（一）[J]. 中国养兔，2: 4–10.

小花山桃草是滨海滩涂常见物种　　　　　　　　小花山桃草的花序

（二十一）伞形科

1. 蛇床属

蛇床 [*Cnidium monnieri* (L.) Cuss.]

物种别名：野茴香、野胡萝卜、蛇米、马床。

分类地位：被子植物门，双子叶植物纲，蔷薇亚纲，伞形目，伞形科，阿米芹族、西风芹亚族，蛇床属。

生境分布：分布区域广，而且生态环境幅度大，生于田边、路旁、草地及河边湿地等。我国大部分省区都有分布。国外的朝鲜、越南等以及北美、欧洲一些国家也有分布。

形态性状：一年生草本，高 10~60 厘米；主根圆锥状；茎多分枝，粗糙、中空、表面有深条棱；下部叶具短柄，叶鞘短宽，上部叶柄全部鞘状，叶通常 2~3 回羽状全裂，羽片卵形至卵状披针形，先端常略呈尾状，具小尖头；复伞形花序直径 2~3 厘米；总苞片 6~10，边缘膜质，具细睫毛；伞辐 8~20，不等长，小伞形花序具花 15~20；花瓣 5，白色，先端具内折小舌片；双悬果长圆状，分生果横剖面近五角形，主棱 5，均扩大成翅。花期 4—7 月，果期 6—10 月。

耐盐能力：可生长于海滨地区，具有一定的耐盐能力。

资源价值：果实称蛇床子，富含香豆素、黄酮等成分，为常用中药，有壮阳补肾、祛风燥湿、杀虫之功效；现代药理实验研究发现，蛇床子对各类骨质疏松症模型动物具有明显的防治作用。

繁殖方式：主要通过种子进行繁殖。

参考文献

蔡金娜，周开亚，徐珞珊，等，2000. 中国不同地区蛇床的 rDNA ITS 序列分析 [J]. 药学学报，35(1)：56–59.

段绪红，何培，裴林，等，2016. 蛇床子化学成分及其对 UMR106 细胞增殖作用的影响 [J]. 中草药，47(17)：2993–2996.

李义敏，张巧艳，秦路平，等，2015. HPLC 法测定蛇床子中 3 种香豆素类成分的含量 [J]，38(7)：1441–1443.

蛇床的幼苗

蛇床的花序

蛇床植株

2. 珊瑚菜属

珊瑚菜（*Glehnia littoralis* Fr. Schmidt ex Miq.）

物种别名：北沙参、辽沙参、海沙参、莱阳参。

分类地位：被子植物门，双子叶植物纲，伞形目，伞形科，芹亚科，前胡族，当归亚族，珊瑚菜属。

生境分布：生长于海边沙滩或栽培于肥沃疏松的沙质土壤。我国主要分布于辽宁、河北、山东、江苏、浙江、福建、台湾、广东等省。国外的朝鲜、日本、俄罗斯也有分布。

形态性状：多年生草本，全株被白色柔毛；根细长，圆柱形或纺锤形，表面黄白色；茎露于地面部分较短；叶多数基生，厚质，有长柄，三出式分裂至三出式二回羽状分裂，裂片边缘有缺刻状锯齿，齿边缘为白色软骨质，叶柄基部逐渐膨大成鞘状；复伞形花序顶生，密生浓密的长柔毛，伞辐 8~16，不等长；小伞形花序有花 15~20；萼齿 5，花瓣 5，白色或带堇色；双悬果，近圆球形或倒广卵形，密被长柔毛及茸毛，果棱有木栓质翅。花果期 6—8 月。

耐盐能力：海边沙滩常有野生珊瑚菜分布，有一定的耐盐碱能力。可以耐受低于 200mmol/L 的 NaCl 胁迫，但随着 NaCl 浓度和处理时间的延长，珊瑚菜生长会受到显著的影响。

资源价值：珊瑚菜为著名的药食两用植物，其干燥根称北沙参，为中国传统入药，具有养阴清肺、润胃生津的功效，对免疫类疾病具有良好的疗效；是海滩沙生植物群落的建群种之一，对海岸固沙和盐碱土改良具重要作用；国家级保护物种。

繁殖方式：主要通过种子进行繁殖。

参考文献

侯晓强, 任秀艳, 付亚娟, 等, 2015. 北沙参内生真菌的抑菌活性与分类研究 [J]. 中草药, 46(19): 2932-2936.

李宏博, 吕德国, 梁姗, 等, 2011. NaCl 胁迫对珊瑚菜叶绿素荧光特性的影响 [J]. 西北植物学报, 31(9): 1846-1851.

宋春凤, 刘启新, 周义峰, 等, 2014. 珊瑚菜居群遗传多样性的 SRAP 分析 [J]. 广西植物, 34(1): 15-18.

珊瑚菜是胶东半岛砂质海岸常见物种

珊瑚菜的花序

珊瑚菜全株

珊瑚菜的果实

3. 前胡属

滨海前胡（*Peucedanum japonicum* Thunb.）

分类地位： 被子植物门，双子叶植物纲，原始花被亚纲，伞形目，伞形科，芹亚科，前胡族阿魏亚族，前胡属，多小苞片组。

生境分布： 常生于滨海滩地以及近海山地。分布于我国东部沿海的山东、江苏、浙江等地。国外的日本、朝鲜、菲律宾等地亦有分布。

形态性状： 多年生草本，高可达 1 米；茎圆柱形，曲折，多分枝，有粗条纹显著突起；基生叶具长柄，具宽阔叶鞘抱茎，叶片宽大质厚，一至二回三出式分裂；复伞形花序，花序梗粗壮，伞辐 15~30，中央伞形花序直径约 10 厘米，小伞形花序有花 20 余；花瓣 5，紫色，少为白色，卵形至倒卵形，背部有小硬毛，子房密生短硬毛；双悬果长圆状卵形至椭圆形，背部扁压，有短硬毛，侧棱翅状较厚。花期 6—7 月，果期 8—9 月。

耐盐能力： 常生于滨海沙地及近海山地，为典型的耐盐植物，具有较好的耐盐能力。

资源价值： 干燥的地下根入药，药用成分与该属传统中药前胡（*Peucedanum praeruptorum*）相似，具有清热止咳、利尿解毒之效，主治肺热咳嗽、湿热淋痛、痈疮红肿等症；果实中含的挥发油成分具有抗菌作用。

繁殖方式： 主要通过种子进行繁殖。

参考文献

李烈辉，张洪冰，杨成梓，等，2015.滨海前胡不同部位挥发油化学成分 GC-MS 分析 [J]. 亚热带植物科学，44(4): 279–283.

许响，李红芳，2016.滨海前胡药用价值浅析 [J]. 亚太传统医药，12(8): 45–47.

张洪冰，杨成梓，2013.滨海前胡生药组织学研究 [J]. 亚热带植物科学，42(3): 213–218.

滨海前胡全株

（二十二）白花丹科

补血草属

（1）二色补血草 [*Limonium bicolor*（Bunge）O.Ktunze]

物种别名：二矾松、二色匙叶草、矾松、苍蝇花、苍蝇架、蝎子花菜、屹蚤花、野菠菜、燎眉蒿、补血草、扫帚草、匙叶草、血见愁、秃子花、苍蝇花、白花菜棵。

分类地位：被子植物门，双子叶植物纲，白花丹目，白花丹科，补血草族，补血草属，宽檐组。

生境分布：广泛分布于草原、丘陵、海滨，喜生于含盐砂地上，属于盐碱土指示植物。我国主要分布于东北、黄河流域各省区和江苏北部。国外的蒙古、俄罗斯也有分布。

形态性状：多年生草本，高 20~50 厘米；除萼外，全株无毛；叶基生，匙形至长圆状匙形，基部渐狭成平扁的柄；花序轴单生，或 2~5 枚各由不同的叶丛中生出，通常有 3~4 棱角，自中部以上作数回分枝；复穗状花序排列在花序分枝的上部至顶端，由 3~5(9) 个小穗组成，小穗含 2~5 花；萼筒沿脉密被长毛，萼裂 5，萼檐初时淡紫红或粉红色，后来变白，开张幅径与萼的长度相等。花冠黄色；蒴果；花期 5—7 月，果期 6—8 月。

耐盐能力：具有多细胞盐腺，为泌盐盐生植物，能够在 300 mmol/L NaCl 以下的环境中生长。

资源价值：全草入药，具有补血、止血、温中健脾、滋补强壮的功效；含有槲皮素、没食子酸、木犀草素等多种成分，可以有效抑制大肠杆菌、绿脓杆菌等的生长，具有显著的抗菌消炎作用；分离得到的多糖成分具有较强的体外抗癌活性；花期较长，可栽培做绿化或用作插花，观赏价值较高；耐旱、耐盐碱，是一种主要盐碱地拓荒植物；还是我国北方一种重要的牧草资源。

繁殖方式：主要通过种子进行繁殖，也可在抽薹之前利用根系繁殖。

参考文献

刘永慧，2009. NaCl 胁迫下二色补血草光保护机制的研究 [D]. 济南：山东师范大学 .

孙景宽，陆兆华，夏江宝，等，2013. 盐胁迫对二色补血草光合生理生态特性的影响 [J]. 西北植物学报，33(5): 992-997.

张敏，唐旭利，李国强，2010. 滨海湿地耐盐植物二色补血草化学成分研究 [J]. 中国海洋大学学报（自然科学版），40(5): 89-92.

二色补血草植株

二色补血草花期

二色补血草的花

（2）烟台补血草[*Limonium franchetii* (Debx.) Kuntze]

物种别名： 紫花补血草、补血草。

分类地位： 被子植物门，双子叶植物纲，合瓣花亚纲，白花丹目，白花丹科，补血草族，补血草属，宽檐组。

生境分布： 我国特有种，仅分布于辽宁、山东半岛至江苏东北部的部分沿海区域。

形态性状： 多年生草本，株高 25~60 厘米；除萼外其余部位均无毛；叶基生，呈莲座状、倒卵状长圆形至长圆状披针形，下部渐狭成扁平的柄；花序轴通常单生，粗壮，有多数细条棱，自中部或中下部作数回分枝，复穗状花序排列在分枝的上部到顶端，由 3~7 个小穗紧密排列而成，小穗含 2~3 花；花萼漏斗状，萼裂 5，萼檐淡紫红色变白色，到达萼的中部，开张幅径与萼的长度相等，花冠淡紫色；蒴果。花期 5—7 月，果期 6—8 月。

耐盐能力： 有盐腺，属于泌盐植物，耐盐能力较强。

资源价值： 含有黄酮类、鞣质、多糖等多种生物活性物质，具有补血、止血、抗菌消炎、保肝、抗癌等多种功能；花色艳丽别致，花期长，具有很高的观赏价值，可广泛应用于城市绿化；耐旱、耐寒、耐盐碱，可用于盐碱地绿化。

繁殖方式： 利用种子进行繁殖。

参考文献

丁鸽，张代臻，张蓓蓓，等，2012. 补血草属植物野生资源多样性及药理学研究进展 [J]. 时珍国医国药，23(12): 3113-3114.

田福平，时永杰，陈子萱，2010. 我国补血草属野生植物资源的分布及研究现状 [J]. 草业与畜牧，3: 49-52.

辛莎莎，谭玲玲，初庆刚，2012. 烟台补血草盐腺结构及发育过程观察 [J]. 植物资源与环境学报，21(3): 87-92.

烟台补血草植株和花序

（3）补血草 [*Limonium sinense* (Girard) Kuntze]

物种别名：匙叶草、海金花、海萝卜、中华补血草、盐云草。

分类地位：被子植物门，双子叶植物纲，白花丹科，补血草属。

生境分布：生于沿海潮湿盐土或砂土地。分布于我国南北沿海各省区。越南也有分布。

形态性状：多年生草本，高 15~60 厘米；叶基生，倒卵状长圆形、长圆状披针形至披针形，先端通常钝或急尖，下部渐狭成扁平的柄；圆锥花序，花序轴通常 3~5（10）枚，具 4 个棱角或沟棱，常由中部以上作数回分枝；复穗状花序有柄至无柄，排列于花序分枝的上部至顶端，多由 2~6 个小穗组成，小穗含 2~4 花；花萼漏斗状，萼筒下半部或全部沿脉被长毛，萼檐的白色部分不到萼的中部，开张辐径明显小于萼的长度，萼裂 5，花黄色，花冠筒细，裂片 5；蒴果先端常有花柱基部残存而成的短尖。花期在北方 7—11 月，在南方 4—12 月。

耐盐能力：具盐腺，为多年生泌盐草本植物，喜生于盐渍化的低洼湿地上，具有较强的耐盐能力。

资源价值：全草可入药，具有清热解毒、止血散瘀、祛风消炎、抗衰老和抗癌等功效；根可治体弱、食欲不振；叶的醇提物具有较强的杀死体外培养的肝癌细胞的能力；花枝可治功能性子宫出血、宫颈癌及其他出血；可在沙壤地、盐碱地和滨海滩涂等盐渍化程度较高的土壤中生长，可作为盐碱土地的绿化植物。

繁殖方式：主要通过种子进行繁殖。

参考文献

丁烽，王宝山，2006. NaCl 对中华补血草叶片盐腺发育及其泌盐速率的影响 [J]. 西北植物学报，26(8): 1593–1599.

李妍，2009. 多种盐胁迫对中华补血草种子萌发及幼苗生长的影响 [J]. 北方园艺 (5): 54–57.

刘兴宽，2011. 中华补血草的化学成分研究 [J]. 中草药，42(2): 230–233.

补血草植株

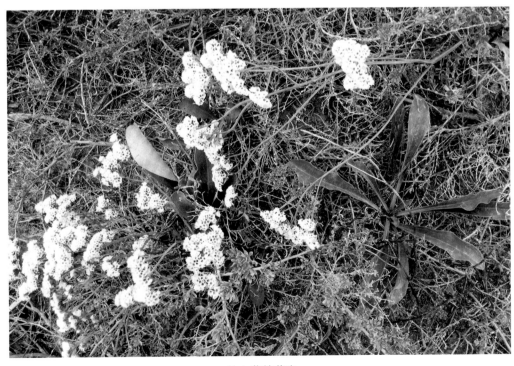

补血草的花序

（二十三）木犀科

梣属

白蜡树（*Fraxinus chinensis* Roxb.）

物种别名：中国蜡、虫蜡、川蜡、黄蜡、蜂蜡、青榔木、白荆树。

分类地位：被子植物门，双子叶植物纲，菊亚纲，玄参目，木犀科，梣属，苦枥木亚属，白蜡树组。

生境分布：生于山地杂木林中或栽培。分布于我国南北各省区，多为栽培。越南、朝鲜也有分布。

形态性状：落叶乔木，高 10~12 米；树皮灰褐色，纵裂；小枝黄褐色，粗糙；羽状复叶对生，小叶 5~7 枚，硬纸质，卵形、倒卵状长圆形至披针形，先端锐尖至渐尖，叶缘具整齐锯齿；圆锥花序长 8~10 厘米；雌雄异株；雄花密集，花萼小，钟状，长约 1 毫米，无花冠，花药与花丝近等长；雌花花萼桶状，长 2~3 毫米，4 浅裂；翅果匙形，长 3~4 厘米，上中部最宽，翅平展，下延至坚果中部，坚果圆柱形，宿存萼紧贴于坚果基部，常在一侧开口深裂。花期 4—5 月，果期 7—9 月。

耐盐能力：白蜡在土壤含盐量为 0.4% 以下的滨海盐碱地上能正常生长。

资源价值：材质优良，为重要的材用树种；根系发达，耐盐碱、抗烟尘、抗病虫害能力较强，可作园林绿化的观赏树和行道树，亦可作固堤保土树种及盐碱地固沙树种；树皮作为中药"秦皮"，有消炎解热、收敛止泻的功效；放养白蜡虫，生产白蜡，为重要的工业原料。

繁殖方式：主要以种子进行繁殖，亦可扦插育苗。

参考文献

宋丹，张华新，耿来林 . 2006. 植物耐盐种质资源评价及耐盐生理研究进展 [J]. 世界林业研究，3: 27–32.

王合云，李红丽，董智，等，2014. 滨海盐碱地不同土壤—树种系统中盐分离子分布与运移 [J]. 水土保持学报，28(4): 222–226.

张冬梅，胡立宏，叶文才，等 . 2003. 白蜡树的化学成分研究 [J]. 中国天然药物，1(2): 79–81.

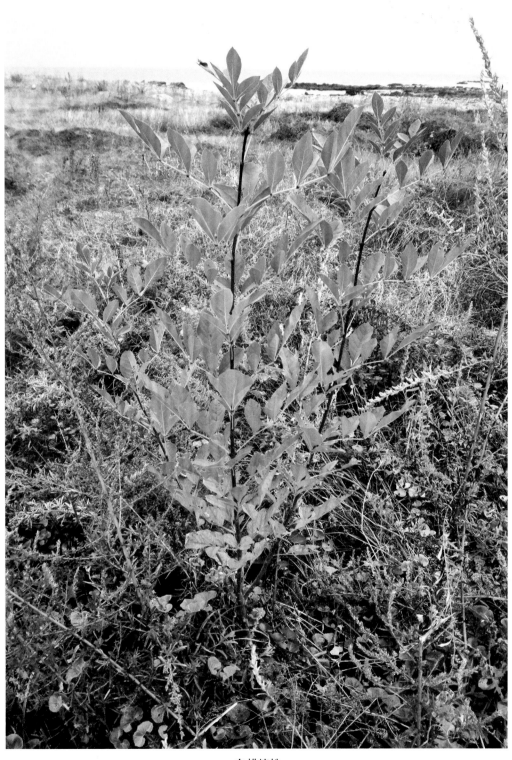

白蜡植株

（二十四）夹竹桃科

罗布麻属

罗布麻（*Apocynum venetum* L.）

物种别名：泽漆茶、女儿茶、茶棵子、奶流、红花草、野茶、红麻、茶叶花、野麻、红柳子、羊肚拉角。

分类地位：被子植物门，双子叶植物纲，菊亚纲，龙胆目，夹竹桃科，夹竹桃亚科，夹竹桃族，罗布麻属。

生境分布：生长于河岸、山沟、山坡的砂质地、盐碱地等，已有栽培引种。分布于我国的辽宁、吉林、内蒙古、甘肃、新疆、陕西、山西、山东、河南、河北、江苏等省。现广布于欧洲及亚洲温带地区。

形态性状：直立半灌木，高可达 3 米；枝条对生或互生，紫红色或淡红色；叶对生，叶片椭圆状披针形至卵圆状长圆形，顶端急尖至钝，具短尖头，叶缘具细牙齿，叶柄间具腺体，老时脱落；圆锥状聚伞花序一至多歧，花梗被短柔毛；花萼 5 深裂，两面被短柔毛，边缘膜质，花冠圆筒状钟形，紫红色或粉红色，两面密被颗粒状突起，花冠裂片 5，每裂片内外均具 3 条明显紫红色的脉纹，雄蕊着生在花冠筒基部；蓇葖果 2，平行或叉生，下垂，箸状圆筒形，顶端渐尖；种子多数，黄褐色，顶端有一簇白色绢质的种毛。花期 4—9 月（盛开期 6—7 月），果期 7—12 月（成熟期 9—10 月）。

耐盐能力：罗布麻的耐盐性为 0.8%~1.0%。

资源价值：韧皮纤维优质，被誉为"最好的天然纺织纤维"、"野生纤维之王"；根、茎、叶均含有强心甙、黄酮类、三萜类、酚类、有机酸等药用有效成分，对头痛、眩晕、失眠、高血压、心脏病、咳嗽、感冒等症均有治疗作用；耐盐碱能力强，观赏价值高，可作为盐碱地的改良和绿化植物。

繁殖方式：可以利用种子繁殖，亦可分株繁殖。

参考文献

宁建凤，郑青松，杨少海，等，2010. 高盐胁迫对罗布麻生长及离子平衡的影响 [J]. 应用生态学报，21(2):325–330.

平晓燕，林长存，白宇，等，2014. 新疆阿勒泰平原荒漠罗布麻种植区的生态效益评价 [J]. 草业学报，23(2):49–58.

任辉丽，曹君迈，陈彦云，等，2008. 罗布麻的研究现状及其开发利用 [J]. 北方园艺，7:87–90.

罗布麻幼苗

罗布麻成株

罗布麻的花序

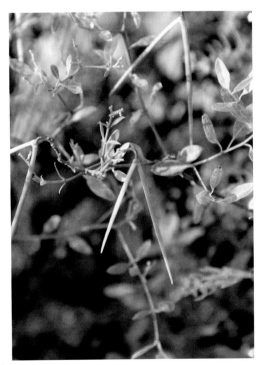

罗布麻的果实

（二十五）萝藦科

1. 鹅绒藤属

鹅绒藤（*Cynanchum chinense* R. Br.）

物种别名：祖子花、羊奶角角、牛皮消。

分类地位：被子植物门，双子叶植物纲，龙胆目，萝藦科，马利筋亚科，马利筋族，鹅绒藤属，鹅绒藤组。

生境分布：生于路旁、河畔、盐碱地。分布于我国的辽宁、内蒙古、河北、山西、陕西、宁夏、甘肃、山东、江苏、浙江、河南等省。

形态性状：缠绕草本，具乳汁；主根圆柱状；全株被短柔毛；叶对生，薄纸质，宽三角状心形，顶端锐尖，基部心形，叶两面均被短柔毛，脉上较密；聚伞花序腋生，两歧，着生花约 20 朵；花萼 5 深裂，外面被柔毛，花冠白色，裂片 5，长圆状披针形，副花冠二形，杯状，上端裂成 10 个丝状体，分为两轮，外轮约与花冠裂片等长，内轮略短，花粉块每室 1 个；蓇葖果双生或仅有 1 个发育，细圆柱状，向端部渐尖；种子长圆形，种毛白色。花期 6—8 月，果期 8—10 月。

耐盐能力：可生长于海滨滩涂区域，具有较强的耐盐能力。

资源价值：全株可入药，味苦、性寒，具有祛风解毒、健胃止痛之功效；白色乳汁可治疗寻常性疣赘；全草水提物对实验动物具有抗惊厥、中枢抑制和镇静催眠等作用。

繁殖方式：主要通过种子进行繁殖。

参考文献

冯建勇，陈虹，孙燕，等，2013.鹅绒藤地上部位化学成分研究 [J]. 中国现代应用药学，3: 274–277.

李冲，苟占平，1999.鹅绒藤化学成分研究 [J]. 中国中药杂志，24(6): 353–355.

林敏，马志强，吴冬青，等，2011.鹅绒藤提取物对亚硝化反应抑制作用研究 [J]. 中兽医医药杂志，30(1): 36–39.

鹅绒藤植株

鹅绒藤的花

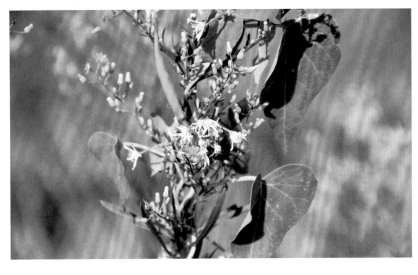

鹅绒藤的果实

2. 萝藦属

萝藦［*Metaplexis japonica* (Thunb.) Makino］

物种别名：芄兰、斫合子、白环藤、羊婆奶、婆婆针落线包、羊角、天浆壳。

分类地位：被子植物门，双子叶植物纲，合瓣花亚纲，捩花目，萝藦科，马利筋亚科，马利筋族，萝藦属。

生境分布：生长于林边荒地、山脚、河边、路旁灌木丛中。国内主要分布于东北、华北、华东和甘肃、陕西、贵州、河南、湖北等省区。国外的日本、朝鲜和俄罗斯亦有分布。

形态性状：多年生草质藤本，具乳汁；茎圆柱状，有纵条纹，幼时密被短柔毛，老时渐脱落；叶膜质，卵状心形，顶端短渐尖，基部心形，叶耳圆，叶柄长，顶端具丛生腺体；总状式聚伞花序腋生或腋外生，具长总花梗，总花梗被短柔毛，花常13~15朵；花萼裂片5，披针形，外面被微毛，花冠白色，有淡紫红色斑纹，近辐状，裂片5，副花冠环状，短5裂，雄蕊连生呈圆锥状，并包围雌蕊在其中；蓇葖果纺锤形，顶端急尖，基部膨大，表面常有瘤状突起；种子褐色，顶端具白色绢质种毛。花期6—9月，果期9—12月。

耐盐能力：可生长于海滨滩涂区域，具有一定的耐盐性。

资源价值：嫩果可以食用；根、果皮、全草均可入药，主要含有强心苷、C_{21}甾体苷、生物碱及多糖等成分，具有重要的生物活性；种毛可止血；乳汁可除瘊子。

繁殖方式：主要通过种子进行繁殖。

参考文献

白雨鑫，郭斌，韩冠英，等，2015. 萝藦果壳多糖提取工艺优化及其抗氧化活性研究 [J]. 食品工业科技，36(20): 278-283.

倪阳，叶益萍，2010. 萝藦科植物中C_{21}甾体苷的分布及其药理活性研究进展 [J]. 中草药，41(1): 162-166.

萝藦与芦苇

萝藦的茎和叶

萝藦的果实

（二十六）旋花科

1. 菟丝子属

菟丝子（*Cuscuta chinensis* Lam.）

物种别名：豆寄生、无根草、黄丝。

分类地位：被子植物门，双子叶植物纲，菊亚纲，茄目，菟丝子科，菟丝子亚科，菟丝子属。

生境分布：生于田边、路边、山坡阳处或海边沙丘，通常寄生于豆科、菊科、蒺藜科、旋花科等科的多种植物上。我国大部分省区都有分布。国外的伊朗、阿富汗、日本、朝鲜、澳大利亚等国亦有分布。

形态性状：一年生寄生草本；茎缠绕，黄色，纤细；无叶；花小，少花或多花簇生，近于无总花序梗；花萼杯状，中部以下连合，裂片三角状，花冠白色，壶形，长约 3 毫米，裂片三角状卵形，向外反折，宿存，雄蕊着生花冠裂片弯缺微下处；蒴果球形，直径约 3 毫米，几乎全为宿存的花冠所包围，成熟时整齐的周裂；种子淡褐色，卵形。花果期 7—10 月。

耐盐能力：菟丝子适应性强，可生长于滨海沙地，具有一定的耐盐性。

资源价值：是常用的补益中药，味甘、辛、性平，具有补肝肾、固精缩尿、益精明目、止泻、安胎等功效，是中医补肾、壮阳、固精之要药；植株含黄酮和多糖等多种成分，具有较高的抗氧化、清除自由基的活性，对于保护心脑血管、改善亚健康状态具有很好的作用，具有开发保健药品和食品的前景。

繁殖方式：通过种子进行繁殖。

参考文献

马红霞，尤昭玲，王若光，2008.菟丝子总黄酮对大鼠流产模型血清 P、P R、T h 1/T h 2 细胞因子表达的影响 [J]. 中药材，31(8):1201–1204.

王焕江，赵金娟，刘金贤，等，2012.菟丝子的药理作用及其开发前景 [J]. 中医药学报，40(6): 123–125.

夏卉芳，李啸红，2012.菟丝子的药理研究进展 [J]. 现代医药卫生，28(3):402–403.

菟丝子与山东丰花草

海滩上的菟丝子群落

菟丝子与肾叶打碗花

菟丝子与兴安胡枝子

菟丝子（花果期）与苍耳

菟丝子的花

菟丝子的寄生根

2. 打碗花属

（1）肾叶打碗花 [*Calystegia soldanella* (L.) R. Br.]

物种别名：扶子苗、砂附、海地瓜、喇叭花、滨旋花。

分类地位：被子植物门，双子叶植物纲，菊亚纲，茄目，旋花科，旋花亚科，旋花族，打碗花属。

生境分布：主要生于海滨沙地或海岸岩石缝中，已有引种栽培。国内主要分布于辽宁、河北、山东、江苏、浙江等省的沿海地区。广泛分布于欧洲、亚洲的温带地区及大洋洲海滨地带。

形态性状：多年生草本；具细长的根；茎平卧，细长，有细棱或有时具狭翅；叶肾形，质厚，顶端圆或凹，全缘或浅波状，叶柄长于叶片；花单生叶腋，花梗长于叶柄，苞片 2，叶状，宽卵形，比萼片短，宿存；萼片 5，近等长，宿存，花冠淡红色，钟状，长 4~5.5 厘米，具 5 条明显的瓣中带，冠檐微裂，雄蕊 5，子房柱头 2 裂；蒴果卵球形，长约 1.6 厘米；种子黑色。花期 5—6 月，果期 7—10 月。

耐盐能力：常在海滨沙地形成群落，具有较强的耐盐性。

资源价值：幼嫩茎叶营养丰富，可用作饲草；入药可用于治疗咳嗽、肾炎水肿和风湿关节疼痛等病症；海岸沙地优势植物，覆被性强，耐盐碱、耐瘠薄、耐旱，能够抗高强度的海风，具有很高的护滩抗风性能；可以增加土壤中氮、磷、钾及有机质和微生物的含量，从而改良沿海沙滩盐碱地的土质；具有一定的观赏价值，可用作绿化材料。

繁殖方式：可通过种子或者分株方式进行繁殖。

参考文献

王颖，巩如英，彭红丽，等，2012. 野生植物肾叶打碗花的生长特性及观赏价值 [J]. 湖北农业科学，51(18): 4039–4040.

邓琳，2008. 黄河三角洲优势盐生饲用植物 – 风花菜及肾叶打碗花 [J]. 安徽农业科学，36(16): 6835–6836.

周瑞莲，王相文，左进城，等，2015. 海岸不同生态断带植物根叶抗逆生理变化与其 Na$^+$ 含量的关系 [J]. 生态学报，35(13): 4518–4526.

肾叶打碗花幼苗

肾叶打碗花的叶

肾叶打碗花的花

肾叶打碗花发达的地下根

肾叶打碗花少见的复瓣花

肾叶打碗花的果实

（2）打碗花（*Calystegia hederacea* Wall.）

物种别名：燕覆子、蒲地参、兔耳草、富苗秧、扶秧、钩耳藤、喇叭花。

分类地位：被子植物门，双子叶植物纲，菊亚纲，茄目，旋花科，旋花亚科，旋花族，打碗花属。

生境分布：分布广泛，为农田、平原、荒地及路旁常见杂草。我国各地均有分布。国外分布于埃塞俄比亚、亚洲东部、南部等地。

形态性状：多年生藤本；具细长白色的根；茎平卧，常自基部分枝，有细棱；基部叶片长圆形，上部叶片 3 裂，中裂片长圆形或长圆状披针形，侧裂片近三角形；花单生叶腋，花梗长于叶柄，苞片 2，宽卵形；萼片 5，长圆形，花冠钟状，淡紫色或淡红色，具 5 条明显的瓣中带，雄蕊 5，近等长，柱头 2 裂；蒴果卵球形，宿存萼片与之近等长或稍短；种子黑褐色，表面有小疣。花期 5—6 月，果期 8—10 月。

耐盐能力：可生长于海滨沙地，特别是海水浪花经常可以到达的山坡上，有时以单一群落出现。是中国温和气候区沿海地带盐碱土的指示植物。

资源价值：幼嫩茎叶可食，但不可多食；根入药，可健脾益气、利尿、活血通乳；含莨菪亭，有解热等功能；花有止痛功效，外用可治牙痛；具蔓性茎，有攀缘能力，可用于立体绿化；生命力强，生长迅速，能在较短时间内覆盖整个坡面，可用于山坡的沙土固定。

繁殖方式：可通过种子进行繁殖，也可通过根芽的再生能力进行繁殖。

参考文献

宋佳，倪士峰，巩江，等，2009. 打碗花属药用植物药学研究进展 [J]. 山东中医杂志，28(11): 822–823.

宋贺，于鸿莹，陈莹婷，等，2016. 北京植物园不同功能型植物叶经济谱 [J]. 应用生态学报，27(6): 1861–1866.

孙颖，2006. 试论打碗花的园林应用 [J]. 农业科技与信息：现代园林，7: 50–51.

打碗花生境

打碗花的花

3. 牵牛属

（1）圆叶牵牛［*Pharbitis purpurea* (L.) Voigt］

物种别名：牵牛花、喇叭花、连簪簪、打碗花、紫花牵牛。

分类地位：被子植物门，双子叶植物纲，合瓣花亚纲，茄目，旋花科，旋花亚科，牵牛属。

生境分布：阳性，喜温暖，不耐寒，耐干旱瘠薄，常生于路边、野地、山谷和篱笆旁，栽培供观赏或逸为野生。我国大部分省区均有分布。原产于热带美洲，现世界各地已广泛栽培。

形态性状：一年生缠绕草本；茎上被短柔毛杂有长硬毛；叶圆心形或宽卵状心形，通常全缘，偶有3裂，两面疏或密被刚伏毛；花腋生，单一或2~5朵着生于花序梗顶端成伞形聚伞花序；花大，颜色鲜艳，萼片5，近等长，外面均被开展的硬毛，基部更密，花冠漏斗状，紫红色、红色或白色，花冠管通常白色，瓣中内面色深，外面色淡，雄蕊5，柱头头状；蒴果近球形，3瓣裂；种子卵状三棱形，黑褐色或米黄色。花期6—9月，果期9—10月。

耐盐能力：可耐受一定盐度。

资源价值：种子入药，为中药牵牛子，含有牵牛子苷等成分，具有泻水、消痰、杀虫等功效；全草亦可入药，具有活血止痛、解毒消肿等功效；生命力强，适应性广泛，观赏价值高，可作为盐碱地改良和景观植物。

繁殖方式：利用种子进行繁殖。

参考文献

崔兴国，2011.盐胁迫对圆叶牵牛光合特性的影响[J].中国园艺文摘，27(9): 30–31.

崔兴国，2012.药用植物圆叶牵牛种子萌发耐盐性分析[J].衡水学院学报，14(1): 41–43.

王金兰，华准，赵宝影，等，2010.圆叶牵牛化学成分研究[J].中药材，33(10): 1571–1574.

圆叶牵牛茎和叶

圆叶牵牛的花

滩涂上的圆叶牵牛

圆叶牵牛的果实

（2）牵牛 [*Pharbitis nil* (L.) Choisy.]

物种别名：喇叭花、牵牛花。

分类地位：被子植物门，双子叶植物纲，茄目，旋花科，牵牛属。

生境分布：生于山坡灌丛、河谷、路边或为栽培。我国大部分省区有分布。原产美洲，先已广泛种植。

形态性状：一年生缠绕草本；茎上被短柔毛杂有长硬毛；叶通常 3 裂，中裂片长圆形或卵圆形，渐尖或骤尖，侧裂片较短，三角形，叶面或疏或密被微硬的柔毛；花腋生，大而艳丽，单一或通常 2 朵着生于花序梗顶，苞片线形或叶状，被开展的微硬毛；萼片 5，近等长，披针状线形，外面被开展的刚毛，花冠漏斗状，蓝紫色或紫红色，花冠管色淡；蒴果近球形，直径 0.8~1.3 厘米，3 瓣裂；种子卵状三棱形，黑褐色或米黄色。花期 6—9 月，果期 9—10 月。

耐盐能力：可生长于海滨沙地，具有一定的耐盐能力。

资源价值：药用及观赏价值同圆叶牵牛。牵牛子还可以有效杀死朱砂叶螨，作为新型植物源农药具有一定的开发价值。

繁殖方式：主要通过种子进行繁殖。

参考文献

李佳桓，杜钢军，刘伟杰，等，2014.牵牛子酒提取物对 Lewis 肺癌的抗肿瘤和抗转移机制研究 [J]. 中国中药杂志，3(5): 779–884.

王燕，吴振宇，杜艳丽，等，2009.牵牛子种子提取物对朱砂叶螨触杀活性的测定 [J]. 中国农业科学，42(8): 2793–2800.

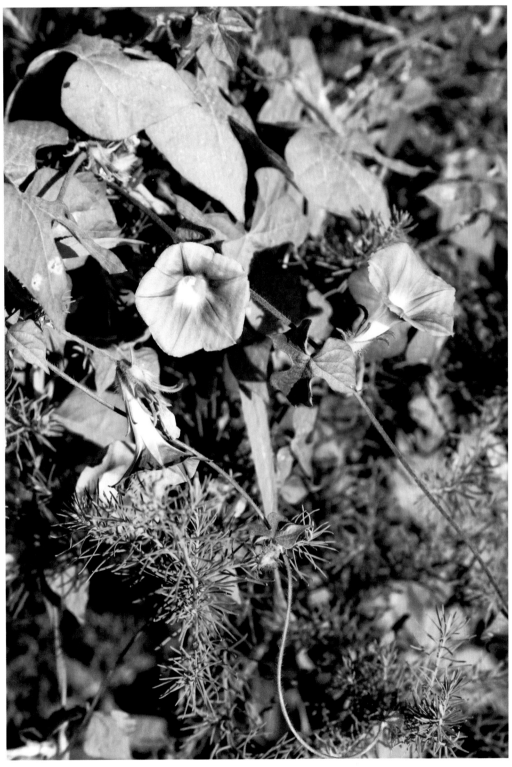

牵牛带花的植株

（二十七）紫草科

1. 砂引草属

砂引草（*Messerschmidia sibirica* L.）

物种别名：紫丹草、西伯利亚紫丹、老虎铃铛。

分类地位：被子植物门，双子叶植物纲，唇形目，紫草科，天芥菜亚科，砂引草属。

生境分布：适应干旱、盐碱和沙质土壤，生于海滨沙地和荒漠。分布于东北、河北、河南、山东、陕西、甘肃、宁夏等省区。国外的蒙古、朝鲜、日本也有分布。

形态性状：多年生草本，高 10~30 厘米；垂直根可深达地下 1 米左右；有细长的根状茎，地上茎单一或数条丛生，密生糙伏毛或白色长柔毛；叶互生，全缘，披针形、倒披针形或长圆形，密生糙伏毛或长柔毛；聚伞花序顶生；花萼 5 深裂，裂片披针形，密生向上的糙伏毛，花冠黄白色，钟状，裂片 5，卵形或长圆形，外弯，花冠筒外面密生向上的糙伏毛；核果椭圆形或卵球形，粗糙，成熟时分裂为 2 个各含 2 粒种子的分核。花期 5 月，果期 7—8 月。

耐盐能力：属于泌盐植物，泌盐过程依靠盐腺来完成。砂引草在 40% 以下的人工海水浓度条件下能够正常生长。

资源价值：植株含有优质蛋白质和氨基酸，可饲用；挥发油含有植醇、假紫罗兰酮、法尼醇、金合欢醇、香叶基香叶醇、角鲨烯等活性物质，具有较好的药用价值；盐碱地优势物种，观赏价值高，可用于防风固沙、保滩护岸、抵御海水侵蚀以及绿化等。

繁殖方式：可以利用种子进行繁殖，亦可利用根状茎进行繁殖。

参考文献

解卫海，周瑞莲，梁慧敏，等，2015. 海岸和内陆沙地砂引草 (*Messerschmidia sibirica*) 对自然环境和沙埋处理适应的生理差异 [J]. 中国沙漠，35(6):1538–1548.

宋阳阳，王奎玲，刘庆超，等，2013. 盐胁迫对砂引草生长及生理指标的影响 [J]. 青岛农业大学学报（自然科学版），30(2):128–131.

王进，周瑞莲，赵哈林，等，2012. 海滨沙地砂引草对沙埋的生长和生理适应对策 [J]. 生态学报，32(14): 4291–4299.

项秀丽，初庆刚，刘振乾，等，2008. 砂引草泌盐腺的结构与泌盐的关系 [J]. 暨南大学学报（自然科学版），29(3):305–310.

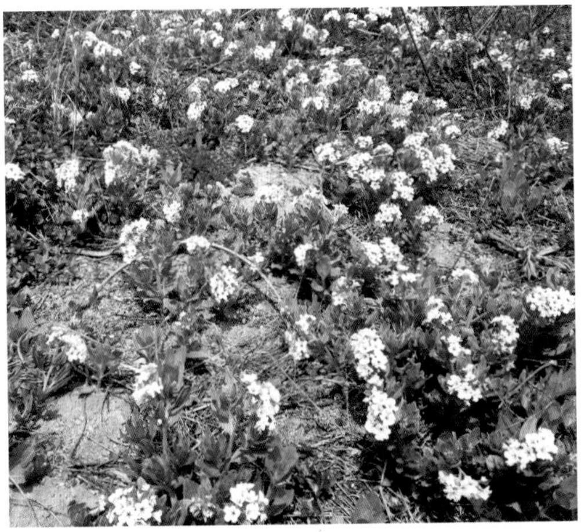

砂引草是海岸沙生植被的主要建群物种之一

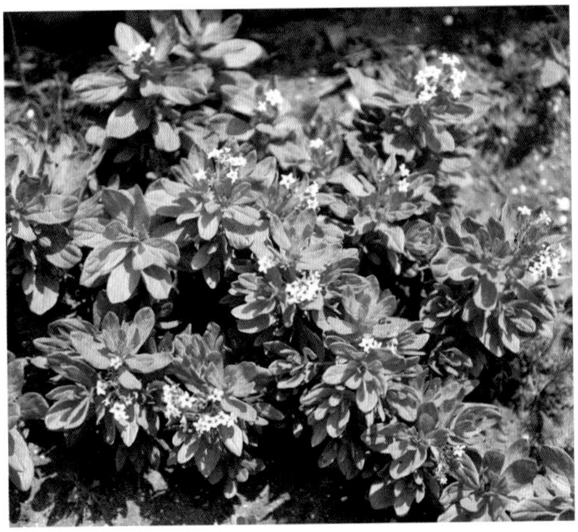

砂引草植株

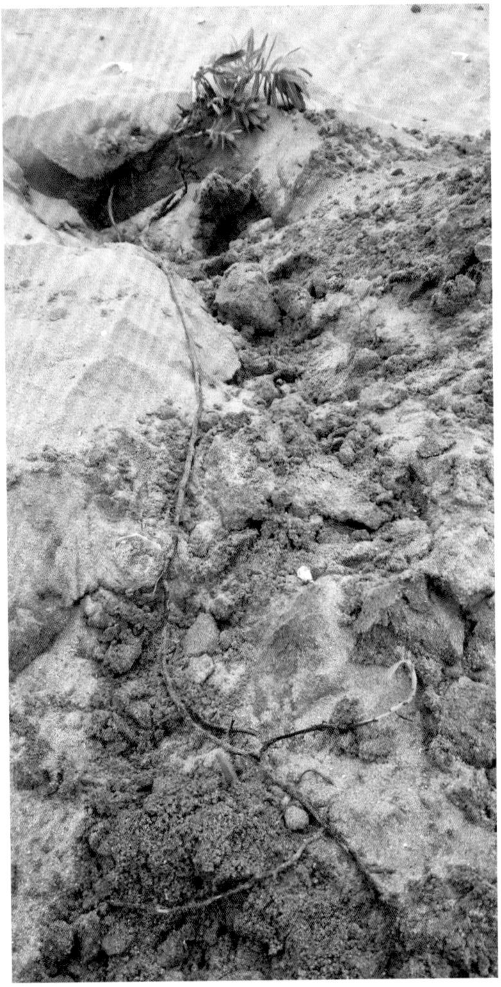

砂引草发达的地下茎

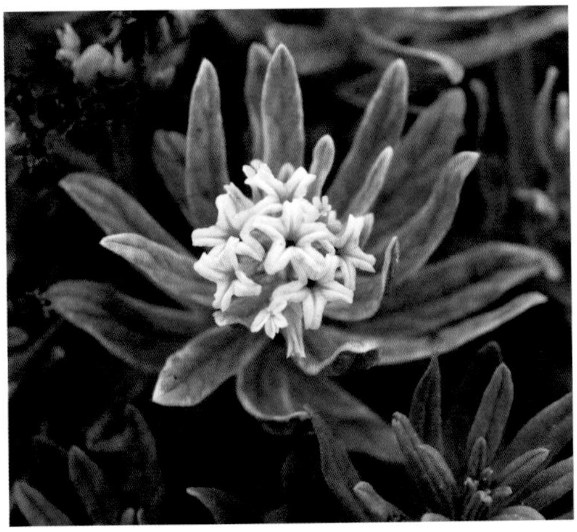

砂引草的花

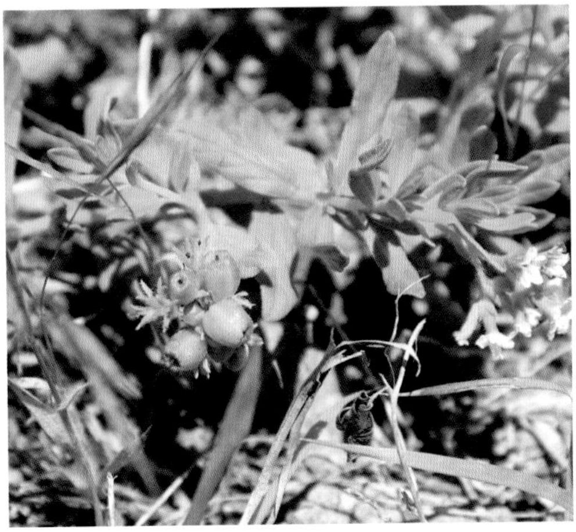

砂引草的果实

2. 斑种草属

多苞斑种草（*Bothriospermum secundum* Maxim.）

物种别名：毛细累子草、毛萝菜。

分类地位：被子植物门，双子叶植物纲，管状花目，紫草科，琉璃草族，斑种草属。

生境分布：生山坡、路旁、河床、溪边、灌木林下等。国内主要分布于东北、河北、山东、山西、陕西、甘肃、江苏及云南等地。

形态性状：一年生或二年生草本，高25~40厘米；茎单一或数条丛生，由基部分枝，被向上开展的硬毛及伏毛；基生叶具柄，倒卵状长圆形，茎生叶长圆形或卵状披针形，无柄，两面均被基部具基盘的硬毛及短硬毛；花序生于各分枝的顶端；花萼5深裂，花冠蓝色至淡蓝色，裂片5，圆形，喉部附属物梯形；小坚果卵状椭圆形，长约2毫米，密生疣状凸起，腹面有纵椭圆形的环状凹陷。花果期5—8月。

耐盐能力：可生长于海滨区域，具有一定的耐盐性。

资源价值：全草入药，具有理气、祛风、解毒之功效，外用可治疮毒；叶色深绿，花色淡雅，可作为早春开花植物资源。

繁殖方式：主要通过种子进行繁殖。

参考文献

李悦，马溪平，李法云，等．2012.海城河河岸带植物群落特征及其物种多样性研究[J].海洋湖沼通报，3: 123–132.

闫路娜，焦阳，2013.石家庄市野生早春开花植物资源的初步调查[J].北方园艺，9: 98–101.

多苞斑种草植株

多苞斑种草的花

3. 附地菜属

附地菜 [*Trigonotis peduncularis* (Trev.) Benth. ex Baker et Moore]

物种别名：鸡肠、地阴椒。

分类地位：被子植物门，双子叶植物纲，管状花目，紫草科，紫草亚科，附地菜族，附地菜属。

生境分布：生于田间、路旁、平原、丘陵等。分布于我国大部分省区。欧洲东部、亚洲温带的其他地区亦有分布。

形态性状：一年生或二年生草本，高5~30厘米；茎通常多条丛生，密集，铺散，被短糙伏毛；叶互生，全缘，长圆形或椭圆形；花序生茎顶，通常占全茎的1/2~4/5，只在基部具2~3个叶状苞片；花小，花萼裂片5，卵形，花冠裂片5，淡蓝色或粉色，喉部附属5，白色或带黄色；小坚果4，斜三棱锥状四面体形，具3锐棱。早春开花，花期较长。

耐盐能力：可生长于海滨区域，具有一定的耐盐性。

资源价值：幼嫩茎叶可食；全草入药，具有消肿止疼、健胃等功效；花色美观，可作为绿化观赏植物。

繁殖方式：主要通过种子进行繁殖。

参考文献

姚默，李鑫，李文婧，等，2012. 附地菜属药学研究概况 [J]. 安徽农业科学，40(9): 5130–5131.

尹泳彪，杨晖，张国秀，2001. 附地菜有效成分分析 [J]. 中国林副特产，56(1): 13.

附地菜植株

附地菜的花

（二十八）马鞭草科

单叶蔓荆（*Vitex trifolia* L. var. *simplicifolia* Cham.）

物种别名：沙荆子、灰枣、蔓荆。

分类地位：被子植物门，双子叶植物纲，菊亚纲，唇形目，马鞭草科，牡荆亚科，牡荆族，牡荆属，顶序组。

生境分布：喜阳光充足，耐寒、耐旱、耐盐碱。生于沙滩、海边及湖畔。主要分布于我国的山东、江苏、辽宁、河北、天津、浙江、福建、广东等省，已有引种栽培。国外的日本、印度、缅甸、泰国、越南、马来西亚、澳大利亚、新西兰也有分布。

形态性状：落叶灌木，有香味；茎匍匐，节处常生不定根；单叶对生，叶片倒卵形或近圆形，顶端通常钝圆，全缘，背面密被灰白色茸毛；圆锥花序顶生，花序梗密被灰白色茸毛；花萼钟形，顶端5浅裂，外面有茸毛，花冠淡紫色或蓝紫色，二唇形，下唇中间裂片较大，雄蕊4，伸出花冠外，子房密生腺点；核果近圆形，直径约5毫米，成熟时黑色，果萼宿存，外被灰白色茸毛。花果期7—11月。

耐盐能力：具有抗盐碱能力，特别适宜生长在沙地和盐碱性土壤地区。

资源价值：干燥果实入药，为中药蔓荆子，常用于风热感冒、头痛，赤眼多泪，齿龈肿痛等症；花萼与果实表面有大量腺毛，可分泌精油；花量大，花期长，颜色鲜艳，具有很高的观赏价值，在滨海城市盐碱地园林绿化中有很大的应用潜力；还是优良的抗沙埋地被植物，具有改良盐碱土、防风固沙的作用。

繁殖方式：可以采用播种繁殖、扦插繁殖、分株繁殖。

参考文献

孙荣进，罗光明，2012.单叶蔓荆种子休眠特性研究 [J].中草药，43(8): 1621–1625.

赵利新，2013.单叶蔓荆叶化学成分及蔓荆子的质量控制研究 [D].济南：山东中医药大学.

周瑞莲，王进，杨淑琴，等，2013.海滨沙滩单叶蔓荆对沙埋的生理响应特征 [J].生态学报，33(6): 1973–1981.

单叶蔓荆是海岸沙生植被的重要建群物种

单叶蔓荆的叶和花

单叶蔓荆的果实（中药名蔓荆子）　　　　单叶蔓荆用于城市绿化

（二十九）唇形科

1. 黄芩属

沙滩黄芩（*Scutellaria strigillosa* Hemsl.）

物种别名：瓜子兰。

分类地位：被子植物门，双子叶植物纲，菊亚纲，唇形目，唇形科，黄芩亚科，黄芩属，黄芩亚属，盔状黄芩组，并头黄芩系。

生境分布：生于海边沙地。国内主要分布于辽宁、山东、河北、江苏等省沿海区域，有引种栽培。国外的俄罗斯、朝鲜、日本等也有分布。

形态性状：多年生草本植物，可高达 30 厘米；地下根状茎发达，在节上生须根及匍匐枝，地上茎直立或稍弯，四棱形，具小条纹，常带紫色；单叶对生，叶片多为椭圆形，边缘有钝的浅牙齿，薄纸质，两面密被紧贴的糙毛状长硬毛；花单生于茎或分枝上部的叶腋中；花萼钟形，唇形花冠，紫色，冠筒基部微囊状膨大，雄蕊 4，二强；小坚果黄褐色，近圆球形，密生钝顶的瘤状凸起。花果期 5—10 月。

耐盐能力：可耐受 0.4% 的盐浓度，耐盐性较强。

资源价值：含有丰富的二萜类化合物，具有一定的药用价值，全草入药，具有利湿、消肿止痛的功效；花色美观，能够耐受一定的盐胁迫，可以作为海滨滩涂的绿化材料，起到防风固沙的作用。

繁殖方式：可利用种子繁殖，亦可利用根状茎进行营养繁殖。

参考文献

李桂生，郝鑫淼，张雷，等，2015. 沙滩黄芩中的二萜类化合物 [J]. 中国中药杂志，40(1): 98–102.

王胜，丁雪梅，时彦平，等，2015. 盐胁迫对沙滩黄芩生长及其生理特性的影响 [J]. 山东林业科技，5: 33–37.

张敏，潘艳霞，杨洪晓，2013. 山东半岛潮上带沙草地的物种多度格局及其对人为干扰的响应 [J]. 植物生态学报，37(6): 542–550.

沙滩黄芩植株

沙滩黄芩群落

沙滩黄芩的花

2. 夏至草属

夏至草 [*Lagopsis supina* (Steph.) Ik. -Gal.]

物种别名：灯笼棵、夏枯草、白花夏枯、白花益母草。

分类地位：被子植物门，双子叶植物纲，菊亚纲，唇形目，唇形科，野芝麻亚科，夏至草族，夏至草属。

生境分布：生于路旁、荒地上。国内大部分省区均有分布。国外的俄罗斯、朝鲜亦有分布。

形态性状：多年生草本，高 15~35 厘米；茎披散于地面或上升，四棱形，具沟槽，带紫红色，密被微柔毛；单叶对生，叶片 3 深裂，裂片有圆齿或长圆形犬齿，两面具毛和腺点，边缘具纤毛，掌状脉，3~5 出；轮伞花序较密集；花萼管状钟形，外密被微柔毛，齿 5，在果时明显展开，唇形花冠，花冠白色，外面被长柔毛，雄蕊 4，二强；小坚果长卵形，褐色。花期 3—4 月，果期 5—6 月。

耐盐能力：有一定的耐盐能力。

资源价值：全草入药，味微苦、性平，有活血去瘀、调经等功能，为妇科用药；夏至草中含有半日花烷型二萜、黄酮、苯乙醇苷等成分，提取物具有改善血液和淋巴微循环障碍、心肌保护、抗炎、抗氧化等多种药理活性。

繁殖方式：可通过种子进行繁殖，另外，夏至草为宿根性草本，也可通过分株的方式进行繁殖。

参考文献

李辉，李曼曼，苏小琴，等，2014. 夏至草的化学成分及药理作用研究述评 [J]. 中医学报，29(10)：1487–1490.

张静，庞道然，黄正，等，2015. 夏至草的黄酮类成分研究 [J]. 中国中药杂志，40(16)：3224–3228.

张秀玲，2008. 盐对夏至草种子萌发以及盐胁迫解除后种子萌发能力恢复的影响 [J]. 植物生理学通讯，44(3)：436–440.

夏至草植株

夏至草的花序

3. 益母草属

益母草 [*Leonurus artemisia* (Laur.) S. Y. Hu]

物种别名：益母蒿、益母艾、红花艾、坤草、野天麻、玉米草、灯笼草、铁麻干。

分类地位：被子植物门，双子叶植物纲，菊亚纲，唇形目，唇形科，野芝麻亚科，野芝麻族，益母草属。

生境分布：喜阳光，对土壤要求不严，多种生境均可分布。产于全国各地，野生或栽培。国外的俄罗斯、朝鲜、日本、热带亚洲、非洲以及美洲各地亦有分布。

形态性状：一年生或二年生草本，高 30~120 厘米；茎直立，钝四棱形，微具槽，有倒向糙伏毛，多分枝；单叶对生，叶片变化较大，茎下部叶卵形，掌状 3 裂，中部叶菱形，较小，通常分裂成 3 个或偶有多个长圆状线形的裂片；轮伞花序腋生，具 8~15 花；花萼管状钟形，外面有贴生微柔毛，唇形花冠，粉红至淡紫红色，雄蕊 4；小坚果长圆状三棱形，淡褐色，光滑。花期 6—9 月，果期 9—10 月。

耐盐能力：可生长于海滨沙地，具有一定的耐盐性。

资源价值：新鲜或干燥地上部分入药，具有活血调经、利水消肿、清热解毒之功效；益母草含有黄酮类、多肽类、二萜类、生物碱类、芳香族化合物等成分，现代医学研究表明，具有抗氧化、缓解细胞凋亡和心肌衰弱等功效。

繁殖方式：主要通过种子进行繁殖。

参考文献

陈军华，周光明，邓永利，等，2016. 辅助萃取 – 高效液相色谱同时测定益母草中 8 种有效成分 [J]. 食品科学，37(8):86–90.

梁绍兰，周金花，黄锁义，等，2012. 益母草多糖的抗氧化性 [J]. 光谱实验室，29(6): 3666–3671.

阮金兰，杜俊蓉，曾庆忠，等，2003. 益母草的化学、药理和临床研究进展 [J]. 中草药，34(11):15–19.

益母草植株和花序

益母草的花

4. 地笋属

地笋（*Lycopus lucidus* Turcz.）

物种别名：地笋子、地蚕子、地藕。

分类地位：被子植物门，双子叶植物纲，合瓣花亚纲，管状花目，唇形科，野芝麻亚科，塔花族，地笋属。

生境分布：喜温暖湿润气候，生于沼泽地、水边、沟边等潮湿处。国内大部分省区都有分布。国外的俄罗斯、日本亦有分布。

形态性状：多年生草本，可高达 1 米多；具有根状茎，先端肥大呈圆柱形，地上茎直立，通常不分枝，四棱形，具槽，绿色，常于节上多少带紫红色；单叶对生，具极短柄或近无柄，长圆状披针形，边缘具锐尖粗牙齿状锯齿，下面具凹陷的腺点；轮伞花序无梗，多花密集；花萼钟形，外面具腺点，萼齿 5，披针状三角形，边缘具小缘毛，唇形花冠白色，较小；小坚果倒卵圆状四边形，褐色，有腺点。花期 6—9 月，果期 8—11 月。

耐盐能力：可生长于海滨滩涂区域，具有一定的耐盐能力。

资源价值：含有丰富的淀粉、蛋白质及矿物质，春、夏季可采摘幼嫩茎叶食用；地下根状茎入药，具有活血、益气、消水的功能；地笋提取物还能够提高机体免疫力、改善肠道菌群失调。

繁殖方式：可通过种子进行繁殖，也可通过根状茎进行营养繁殖。

参考文献

李蕾，王永，云兴福，2005. 地笋生长发育规律及营养成分的初步研究 [J]. 华北农学报，20(5)：50–53.

聂波，何国荣，刘勇，等，2010. 地笋抗氧化活性的研究 [J]. 中国实验方剂学杂志，8：176–178.

聂波，刘勇，徐青，等，2007. 地笋中挥发油化学成分的气相色谱 – 质谱分析 [J]. 精细化工，24(7)：653–656.

地笋植株

地笋茎和叶

（三十）茄科

1. 枸杞属

枸杞（*Lycium chinense* Mill.）

物种别名：枸杞子、枸杞菜、红珠紫刺、牛吉力、狗牙子、狗牙根、狗奶子。

分类地位：被子植物门，双子叶植物纲，合瓣花亚纲，茄目，茄科，茄族，枸杞亚族，枸杞属。

生境分布：枸杞喜冷凉气候，耐寒力很强，常生于山坡、荒地、盐碱地、路旁。分布于中国东北、河北、山西、陕西、甘肃南部以及西南、华中、华南和华东各省区，栽培或野生。朝鲜、日本、欧洲亦有栽培或逸为野生。

形态性状：落叶灌木，高可达 2 米多；枝条细弱，弓状弯曲或俯垂，淡灰色，有纵条纹和棘刺；单叶互生或 2~4 枚簇生，卵形到卵状披针形，顶端急尖；花在长枝上单生或双生于叶腋，在短枝上则同叶簇生；花萼通常 3 中裂或 4~5 齿裂，裂片多少有缘毛，花冠漏斗状，长 9~12 毫米，淡紫色，5 深裂，裂片卵形；浆果红色，卵状，栽培者可成长矩圆状或长椭圆状，长 7~15 毫米，栽培长可达 2.2 厘米；种子扁肾脏形，黄色。花果期 6—11 月。

耐盐能力：枸杞的耐盐性 0.4%~0.6%。

资源价值：嫩叶可食；根皮入药，中药称地骨皮，有解热、止咳之功效；果实为枸杞子，食用或药用，有滋补肝肾、益精明目等功效；树形婀娜，花色淡紫，果实鲜红，可作盆景；耐干旱、耐盐碱，具有水土保持的作用，可作为盐碱地绿化经济树种。

繁殖方式：主要通过播种和扦插两种方式进行繁殖。

参考文献

刘寅，2011.天津滨海耐盐植物筛选及植物耐盐性评价指标研究 [D].北京：北京林业大学 .

马虎飞、王思敏、杨章民，2011.陕北野生枸杞多糖的体外抗氧化活性 [J].食品科学，32(3): 60-63.

倪梁红，赵志礼，陆佳妮，2016.基于多基因组片段构建枸杞属药用植物 DNA 条形码 [J].中草药，47(13): 2328-2332.

枸杞植株

枸杞群落

枸杞的花

枸杞果实

2. 曼陀罗属

曼陀罗（*Datura stramonium* Linn.）

物种别名：曼荼罗、满达、曼扎、曼达、醉心花、狗核桃、洋金花、枫茄花、万桃花、闹羊花、大喇叭花、山茄子。

分类地位：被子植物门，双子叶植物纲，合瓣花亚纲，茄目，茄科，曼陀罗族，曼陀罗属。

生境分布：生于田间、沟旁、路边、河岸、山坡等地方，喜温暖、向阳及排水良好的砂质壤土，栽培或野生。我国各地均有分布。广泛分布于世界各地。

形态性状：草本或半灌木状，高可达 1.5 米；茎粗壮，淡绿色或带紫色，下部木质化；单叶互生，广卵形，顶端渐尖，边缘有不规则波状浅裂；花单生，较大；花萼筒状，筒部有 5 棱角，顶端紧围花冠筒，5 浅裂，花冠漏斗状，下半部带绿色，上部白色或淡紫色，檐部 5 浅裂，雄蕊 5，子房密生柔针毛；蒴果卵状，长 3~4.5 厘米，直径 2~4 厘米，表面常生有坚硬针刺，成熟后淡黄色，规则 4 瓣裂；种子卵圆形，黑色。花期 6—10 月，果期 7—11 月。

耐盐能力：可生长于海滨沙地，具有一定的耐盐性。

资源价值：曼陀罗全株有毒，尤以种子毒性最强，但同时也是一种重要的中药材，具有平喘、止咳、解痉、镇痛、麻醉等作用，可用于治疗关节痛、哮喘、咳嗽、胃肠痉挛、神经性偏头痛、跌打损伤等症；曼陀罗含有多种生物活性物质，如莨菪碱、东莨菪碱及阿托品等生物碱，已经被广泛应用于生物医药领域；还有杀鼠、杀虫、杀菌、除草等农用生物活性，在植保领域具有广阔的开发利用前景；种子含油量约 28%，还是一种潜在的能源植物。

繁殖方式：主要通过种子进行繁殖。

参考文献

邓朝晖，罗充，刘彬，等，2011.曼陀罗药用价值的开发和利用[J].现代生物医学进展，11(7)：1394-1398.

张宏利，杨学军，刘文国，等，2004.曼陀罗化学成分与生物活性研究现状及展望[J].西北林学院学报，19(2):98-102.

周跃华，路金才，2016.关于大毒药材的范围及相关问题探讨[J].中草药，47(1):149-156.

曼陀罗植株

曼陀罗的花

曼陀罗的幼果

曼陀罗的成熟果实

3. 茄属

（1）龙葵（*Solanum nigrum* L.）

物种别名：燕莜、莜莜、地泡子、飞天龙、黑姑娘、黑茄子、龙葵草、七粒扣、山海椒、山辣椒、天泡果、天茄菜、天茄苗儿、天茄子、天天茄、乌疔草、乌归菜、野海椒、野茄子。

分类地位：被子植物门，双子叶植物纲，茄目，茄科，茄族，茄亚族，茄属，龙葵组。

生境分布：生于田边、路边、荒地等。全国各地几乎均有分布。广泛分布于欧、亚、美洲的温带至热带地区。

形态性状：一年生直立草本，高可达 1 米；茎绿色或紫色，近无毛或被微柔毛；单叶互生，叶片卵形，先端短尖，全缘或每边具不规则的波状粗齿，叶柄长 1~2 厘米；蝎尾状花序腋外生，由 3~6(10) 小花组成；花萼浅杯状，5 齿，花冠白色，5 深裂，裂片卵圆形，雄蕊 5，子房中部以下被白色茸毛；浆果球形，熟时黑色；种子多数。花期 6—8 月，果期 7—10 月。

耐盐能力：可生长于海滨区域，具有一定的耐盐性。

资源价值：成熟果实可食；全株可入药，具有散瘀消肿、清热解毒的功效；全草含龙葵碱、澳洲茄碱、澳洲茄边碱等多种生物碱，民间较早就作为抗肿瘤药应用，临床上也发现对多种肿瘤及白血病等具有良好的防治疗效；能富集铅、镉等重金属，可作为重金属污染土壤的修复植物。

繁殖方式：主要通过种子进行繁殖。

参考文献

安磊，唐劲天，刘新民，等，2006. 龙葵抗肿瘤作用机制研究进展 [J]. 中国中药杂志，31(15): 1225–1226.

曾秀存，许耀照，张芬琴，2012. 两种基因型龙葵对镉胁迫的生理响应及镉吸收差异 [J]. 农业环境科学学报，31(5): 885–890.

熊国焕，何艳明，栾景丽，等，2013. 龙葵、大叶井口边草和短葶灰叶对 Pb，Cd 和 As 污染农田的修复研究 [J]. 生态与农村环境学报，29(4): 512–518.

龙葵植株

龙葵的花

龙葵的果实

（2）少花龙葵（*Solanum photeinocarpum* Nakamura et S. Odashima）

物种别名：古钮草、乌目菜、乌疗草、点归菜、白花菜、七粒扣、五宅茄、乌点规。

分类地位：被子植物门，双子叶植物纲，合瓣花亚纲，管状花目，茄科，茄族，茄亚族，茄属，龙葵亚属，龙葵组。

生境分布：生于山野、荒地、路旁、林边荒地、密林阴湿处及溪边阴湿地。分布于我国云南南部、江西、湖南、广西、广东、台湾等地。马来群岛也有分布。

形态性状：纤弱草本，高可达1米；茎多分枝；单叶互生，叶片薄，卵形至卵状长圆形，先端渐尖，叶缘近全缘，波状或有不规则的粗齿，两面具疏柔毛，叶柄纤细，具疏柔毛；花序近伞形，纤细，具微柔毛，着生1~6朵花，花小；花萼绿色，5裂达中部，花冠白色，5裂，裂片卵状披针形；雄蕊5，子房中部以下具白色茸毛；浆果球状，直径约5毫米，幼时绿色，成熟后黑色；种子近卵形。花期长，在某些地区几乎全年开花结果。

耐盐能力：可生长于海滨区域，具有一定的耐盐性。

资源价值：幼叶可食，味道甘香、嫩滑可口；具有一定的药用价值，内服清热利湿、凉血解毒，外用消炎退肿；富含黄酮类化合物，在抗氧化、抗癌、防癌、抑制脂肪酶等方面也有显著效果；亦可作为重金属污染土壤的修复植物。

繁殖方式：主要通过种子进行繁殖。

参考文献

贤景春，陈明真，许智海，2013. 少花龙葵果总黄酮提取及抗氧化性研究 [J]. 安徽农业大学学报，40(1): 130−133.

李芸瑛，黄丽华，陈雄伟，2006. 野生少花龙葵营养成分的分析 [J]. 中国农学通报，22(2): 101−102.

张杏锋，李丹，高波，2014. 重金属在超富集植物少花龙葵和李氏禾体内的分布和移动特征 [J]. 广东农业科学，41(16): 151−155.

少花龙葵植株

少花龙葵的花及幼嫩果实

（三十一）车前科

车前属

（1）芒苞车前（*Plantago aristata* Michx.）

物种别名：芒车前、线叶车前。

分类地位：被子植物门，双子叶植物纲，车前目，车前科，车前属。

生境分布：生于海滨沙滩、平原草地及山谷路旁。我国分布于山东（青岛）、江苏（宿迁）等地，为外来归化杂草。原产北美洲，在欧洲、日本等地归化。

形态特征：一年生或二年生草本；直根细长；叶基生，呈莲座状，密被开展的淡褐色长柔毛，叶片坚纸质，披针形至线形，先端长渐尖，边缘全缘，脉3条；从莲座丛中长出多个穗状花序，花序梗密被向上伏生的柔毛；花小，每花具1苞片，苞片狭卵形，密被开展的淡褐色长柔毛；花萼4裂，花冠淡黄白色，4裂，裂片宽卵形，雄蕊4；蒴果椭圆球形至卵球形，长2.5~3毫米，于中部下方周裂；种子深黄色至深褐色。花期5—6月，果期6—7月。

耐盐能力：耐盐性较高。

资源价值：含有桃叶珊瑚苷、梓醇等活性成分，具有药用功能。

繁殖方式：主要通过种子进行繁殖，亦可分株繁殖。

参考文献

董杰明，袁昌，2002.鲁车前草及芒苞车前草化学成分及其形态学研究[J].辽宁中医学院学报，4(3):229–230.

栾晓睿，周子程，刘晓，等，2016.陕西省外来植物初步研究[J].生态科学，35(4):179–191.

芒苞车前植株

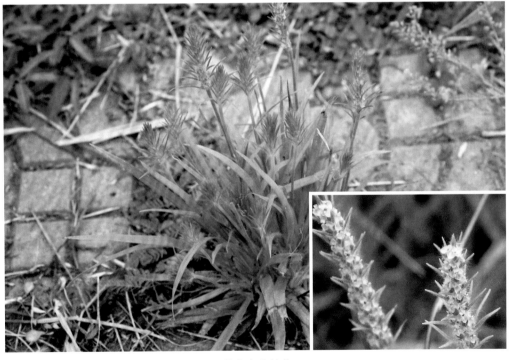

芒苞车前的花

（2）大车前（*Plantago major* L.）

物种别名：钱贯草、大猪耳朵草等。

分类地位：被子植物门，双子叶植物纲，合瓣花亚纲，车前目，车前科，车前属。

生境分布：生于草地、沟边、河岸湿地、田边、荒地等。国内大部分省份均有分布。分布欧亚大陆温带及寒温带，在世界各地归化。

形态性状：二年生或多年生草本；须根系；无地上茎；叶基生，呈莲座状，叶片草质、薄纸质或纸质，宽卵形至宽椭圆形，先端钝尖或急尖，边缘波状、疏生不规则牙齿或近全缘，长通常不及宽的 2 倍；穗状花序，被短柔毛或柔毛；花无梗，小，紧密，花萼 4 裂，花冠白色，裂片 4，披针形至狭卵形，长 1~1.5 毫米；蒴果近球形、卵球形或宽椭圆球形，长 2~3 毫米，于中部或稍低处周裂；种子多数，卵形、椭圆形或菱形，黄褐色。花期 6—8 月，果期 7—9 月。

耐盐能力：可生于海滨沙滩，具有较强的耐盐性。

资源价值：幼苗可供食用，沸水轻煮后，凉拌、炒食等；传统藏药，味苦涩，有止热泄等功效；含有黄酮类、大车前苷、三萜、甾醇类等化学成分，有抗氧化、消炎、解痉等作用；在市场和临床应用中，与车前（*Plantago asiatica* L.）存在混用和共用现象。

繁殖方式：主要通过种子进行繁殖。

参考文献

王宇超，周亚福，李倩，等，2016. 秦岭山区主要野菜资源可持续开发与利用潜力的评价 [J]. 分子植物育种，14(5): 1287–1299.

吴恋，吕维，王春，等，2014. 大车前草与车前草的有效成分比较 [J]. 华西药学杂志，29(3): 262–265.

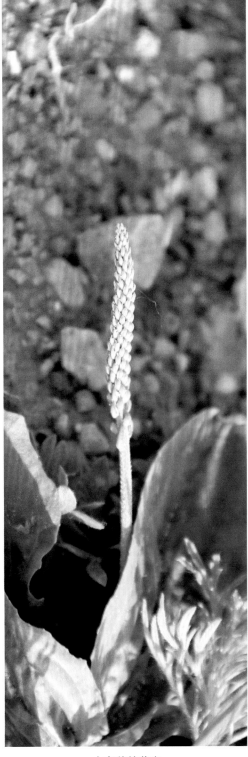

大车前全株　　　　　　　　　　　　大车前的花序

（三十二）玄参科

1. 柳穿鱼属

柳穿鱼（*Linaria vulgaris* Mill.）

物种别名：小金鱼草。

分类地位：被子植物门，双子叶植物纲，合瓣花亚纲，玄参目，玄参科，柳穿鱼属。

生境分布：生于山坡、路边及沙地等。在我国分布于东北、华北、山东、河南、江苏、陕西、甘肃等省区。欧洲和亚洲北部均有分布。

形态性状：多年生草本，高可达 80 厘米；茎圆柱状，表面黄绿色，常在上部分枝；单叶，多互生，条形，全缘，常单脉；总状花序，花密集，果期疏离，苞片条形至狭披针形，花萼 5 深裂，花冠筒管状，基部有长距，花冠淡黄色，唇形，上唇 2 裂，下唇 3 裂，雄蕊 4；蒴果呈卵球形，在近顶端不规则孔裂；种子盘状，边缘有宽翅。花期 6—9 月，果期 8—10 月。

耐盐能力：可生于海滨沙滩，有一定的耐盐性。

资源价值：含有黄酮、环烯醚萜、生物碱、三萜化合物等成分，全草入药，具有清热解毒、镇咳祛痰、利尿等功效；枝叶柔细，花形与花色别致，可做花坛、花境、盆栽或切花等。

繁殖方式：利用种子进行繁殖。

参考文献

华会明，侯柏玲，李文，等，2000. 柳穿鱼中三萜化合物的研究 [J]. 中草药，31(6): 409–412.

李艳杰，罗秀英，杨晓虹，1995. 柳穿鱼提取液对痰、喘咳的药理作用研究 [J]. 黑龙江医药，8(3):138–139.

魏照信，荆爱霞，2010. 柳穿鱼制种 [J]. 中国花卉园艺，18: 32.

柳穿鱼植株

2. 地黄属

地黄 [*Rehmannia glutinosa* (Gaetn.) Libosch. ex Fisch. et Mey.]

物种别名： 生地、心脏草等。

分类地位： 被子植物门，双子叶植物纲，合瓣花亚纲，管状花目，玄参科，毛地黄属。

生境分布： 生于砂质土壤、路旁、山坡等地。分布于辽宁、河北、河南、山东、山西、陕西、甘肃、内蒙古、江苏、湖北等省区。国内各地及国外均有栽培。

形态性状： 多年生草本，高 10~30 厘米，密被灰白色多细胞长柔毛和腺毛；块根肉质，鲜时黄色；茎紫红色；叶通常在茎基部集成莲座状，茎上互生，叶片卵形至长椭圆形，下面略带紫色或紫红色，边缘具不规则圆齿或钝锯齿以至牙齿；总状花序；花萼钟形，具 5 枚不等长的齿，密被多细胞长柔毛和白色长毛，花冠筒长，外面紫红色，被多细胞长柔毛，花冠裂片 5，内面黄紫色，外面紫红色，两面均被多细胞长柔毛，雄蕊 4；蒴果卵形至长卵形，具宿萼，室背开裂。花果期 4—7 月。

耐盐能力： 可生长于海滨沙地，具有一定的耐盐能力。

资源价值： 常用中药材，新鲜块根入药称鲜地黄，干燥块根入药称生地黄，蒸熟晒干为熟地黄，有清热生津、凉血、止血等功效，三者功能与主治有一定区别；花色艳丽，亦可作为观赏植物。

繁殖方式： 主要通过种子进行繁殖。

参考文献

武卫红，温学森，赵宇，2006.地黄寡糖及其药理活性研究进展 [J]. 中药材，29(5): 507–509.

张文婷，岳超，黄琴伟，等，2016.地黄生品与炮制品中 8 个糖类成分及不同炮制时间点其量变化分析 [J]. 中草药，47(7): 1132–1136.

地黄植株   地黄的花

（三十三）茜草科

1. 茜草属

茜草（*Rubia cordifolia* L.）

物种别名：血茜草、血见愁、蒨草、地苏木、活血丹、土丹参、红内消。

分类地位：被子植物门，双子叶植物纲，茜草目，茜草科，茜草亚科，茜草族，茜草属。

生境分布：生于路边、草地、山坡、灌丛等。国内主要分布于东北、华北、西北和四川及西藏等地。国外的朝鲜、日本和俄罗斯亦有分布。

形态性状：草质藤本；根状茎和其节上的须根均红色；茎细长，有4棱，棱上倒生皮刺，中部以上多分枝；叶通常4片轮生，纸质，披针形或长圆状披针形，顶端渐尖，边缘有齿状皮刺，两面粗糙，脉上有微小皮刺，基出脉3条；聚伞花序有花多数；花小，花冠淡黄色，干时淡褐色，花冠裂片5，近卵形；浆果球形，直径通常4~5毫米，成熟时橘黄色。花期8—9月，果期10—11月。

耐盐能力：可生长于海边沙地，具有较好的耐盐性。

资源价值：茜草是一种历史悠久的植物染料，古时称茹藘、地血，早在商周的时候就已经是主要的红色染料；传统中药材，根和根状茎入药，有凉血、止血、祛瘀、通经等功效；化学成分以蒽醌及其苷类化合物为主，具有多种生物活性。

繁殖方式：可通过种子进行繁殖，也可通过扦插或者分株的方式进行繁殖。

参考文献

李鹏，胡正海，2013.茜草的生物学及化学成分与生物活性研究进展 [J]. 中草药，44(14): 2009-2014.

权美平，田呈瑞，2015.茜草精油的保肝作用 [J]. 现代食品科技，5: 12-17.

茜草植株

茜草的茎和叶

茜草的花

茜草的果实

2. 丰花草属

山东丰花草（*Borreria shandongensis* F. Z. Li et X. D. Chen）

分类地位：被子植物门，双子叶植物纲，菊亚纲，茜草目，茜草科，丰花草属。

生境分布：生于路边、草地、山坡或海滨沙地。分布于我国的山东、浙江等省。

形态性状：一年生草本，高 10~30 厘米；茎分枝多，枝微呈四棱形，被短毛；单叶对生，叶片纸质，无柄，线状披针形，顶端渐尖，两面粗糙；花小，单生于叶腋，无梗，萼檐 4 裂，裂片卵状披针形，被疏柔毛，花冠粉红色，近漏斗形，长约 4 毫米，顶部 4 裂，裂片长圆形，雄蕊 4；蒴果倒卵形，被疏柔毛，成熟时 2 瓣裂，具种子 2 颗；种子长圆形。花果期 8—9 月。

耐盐能力：可生长于海边滩涂区域，具有一定的耐盐性。

资源价值：耐盐碱，观赏价值高，可用于海滨沙地绿化。

繁殖方式：可利用种子进行繁殖。

参考文献

李法曾，陈锡典，1985.山东丰花草属一新种 [J].云南植物研究，4: 7.

张芬耀，陈锋，谢文远，等，2009.浙江省 2 种新记录植物 [J].西北植物学报，29(9): 1917–1919.

山东丰花草植株

山东丰花草的叶和花

（三十四）忍冬科

忍冬属

忍冬（*Lonicera japonica* Thunb.）

物种别名：金银花、金银藤、银藤、二色花藤、二宝藤、右转藤、子风藤、蜜桶藤、鸳鸯藤、老翁须。

分类地位：被子植物门，双子叶植物纲，合瓣花亚纲，茜草目，忍冬科，忍冬族，忍冬属，忍冬亚属。

生境分布：适应性很强，生于山坡、路旁、海滨沙地等。我国大部分省区有分布，栽培或野生。日本、朝鲜等也有分布。

形态性状：半常绿藤本；幼枝红褐色，密被黄褐色、开展的硬直糙毛、腺毛和短柔毛；叶对生，纸质，卵形至矩圆状卵形，顶端尖，有糙缘毛，叶柄密被短柔毛；花大，通常成对着生，或3~6朵轮状排列；萼筒长约2毫米，萼齿5裂，花冠白色，后变黄色，唇形，筒稍长于唇瓣，外被糙毛和长腺毛，上唇4裂，雄蕊5；浆果圆形，熟时蓝黑色；种子卵圆形或椭圆形，褐色。花期4—6月（秋季亦常开花），果熟期10—11月。

耐盐能力：可生长于海滨沙地，具有一定的耐盐性。

资源价值：叶和花均可制茶；花入药，是一种重要的中药材，具有清热解毒、疏散风热之功效，主治风热感冒、温病发热等症；能够耐受较高浓度的镉，并能够富集镉，可作为镉污染土壤的修复植物；枝形、花色美观，可供观赏。

繁殖方式：以种子和扦插繁殖为主。

参考文献

程淑娟，唐东芹，刘群录，2013. 盐胁迫对两种忍冬属植物活性氧平衡的影响 [J]. 南京林业大学学报：自然科学版，37(1): 137–141.

刘周莉，何兴元，陈玮，2013. 忍冬——一种新发现的镉超富集植物 [J]. 生态环境学报，22(4): 666–670.

张小娜，童杰，周衍晶，等，2014. 忍冬属药材药效成分及药理作用研究进展 [J]. 中国药理学通报，30(8): 1049–1054.

海边的忍冬植株

忍冬的花

（三十五）菊科

1. 白酒草属

小蓬草 [*Conyza canadensis* (L.) Cronq.]

物种别名：小白酒、加拿大蓬飞草、小飞蓬、飞蓬。

分类地位：被子植物门，双子叶植物纲，合瓣花亚纲，桔梗目，菊科，管状花亚科，紫菀族，白酒草属。

生境分布：多生于干燥、向阳的土地上或者路边、田野、牧场、草原、河滩。我国各地均有分布。原产北美洲，现各地已经广泛分布。

形态性状：一年生草本，高可达1米；茎多少具棱，有条纹，疏被长硬毛，上部多分枝；叶密集，基部叶花期常枯萎，下部叶倒披针形，边缘具疏锯齿或全缘，中部和上部叶较小，线状披针形或线形，全缘或少有具1~2个齿，被毛；多个小的头状花序排列成顶生多分枝的大圆锥花序；总苞片2~3层，淡绿色，线状披针形或线形，花托平，外围的雌花多数，白色，舌片线形，中央的两性花淡黄色，少数，花冠管状，上端具4或5个齿裂；瘦果线状披针形，稍扁压，被贴微毛，冠毛污白色，1层，糙毛状。花果期7—10月。

耐盐能力：可生长于海滨沙地，具有一定的耐盐性。

资源价值：幼嫩茎叶可作饲料；全草入药，具有消炎止血、祛风湿的功效，用于治疗血尿、水肿、肝炎、胆囊炎、小儿头疮等症；小蓬草浸提液对棉花黑斑病菌（ *Alternaria tenuis* ）、棉花红腐病菌（ *Fusarjum moniliforme* ）和葱黑斑病菌（ *Stemphylium bortyosum* ）的菌丝生长及孢子萌发有明显抑制作用；能够富集镉、铅等重金属离子，可作为重金属污染土壤的修复植物。

繁殖方式：主要通过种子进行繁殖。

参考文献

陈郑镔，陈炳华，刘剑秋，等，2004. 小蓬草总黄酮提取条件及含量测定 [J]. 福建师范大学学报：自然科学版，20(1): 78–81.

刘明久，许桂芳，张定法，等，2008. 小蓬草浸提液对3种植物病原菌的抑制作用 [J]. 西北农业学报，17(4): 173–176.

王学锋，丁雪莲，2012. 乙二胺四乙酸对镉及镉铅复合污染小蓬草的影响 [J]. 西南农业学报，25(4): 1363–1366.

小蓬草群落

小蓬草植株

小蓬草的花

2. 苍耳属

苍耳（*Xanthium sibiricum* Patrin ex Widder）

物种别名：菓耳、粘头婆、虱马头、苍耳子、老苍、敝子、道人头、刺八裸、苍浪子、青棘子、抢子、痴头婆、胡苍子、野茄、猪耳、菜耳等。

分类地位：被子植物门，双子叶植物纲，合瓣花亚纲，菊目，菊科，管状花亚科，向日葵族，苍耳属，苍耳组。

生境分布：耐贫瘠、生命力强，分布广泛，生于平原、丘陵、荒野路边、田边等地。我国大部分省区均有分布。俄罗斯、伊朗、印度、朝鲜和日本等也有分布。

形态性状：一年生草本，高20~90厘米；茎少有分枝，下部圆柱形，上部有纵沟，被灰白色糙伏毛；单叶互生，三出脉，侧脉弧形，叶片三角状卵形或心形，边缘有不规则的粗锯齿，被糙伏毛；头状花序单性，雌雄同株，雄性的头状花序球形，总苞片长圆状披针形，被短柔毛，花冠钟形，5裂，雌性的头状花序椭圆形，有2朵结果实的小花，外层总苞片小，内层总苞片结合成囊状，果实成熟时变硬，外面有疏生的钩状刺，上端具1~2个坚硬的喙；瘦果2，倒卵形，藏于总苞中。花期7—8月，果期9—10月。

耐盐能力：可生长于海滨沙地，具有一定的耐盐性。

资源价值：果实入药，称苍耳子，主要用于风寒头痛、鼻渊流涕、风疹瘙痒等症的治疗，为历代治疗鼻渊及头痛的要药；研究表明，苍耳还具有抗菌、抗病毒、止痛、降血糖及抗癌等多种功能活性，是一种很有开发前景的中药材；苍耳的不同溶剂提取物也具有一定的除草和杀虫活性。

繁殖方式：主要通过种子进行繁殖。

参考文献

崔秀荣，马海波，张旗，等，2012. 苍耳子的化学成分和临床应用研究进展 [J]. 现代药物与临床，27(6): 614–618.

李美，高兴祥，高宗军，等，2008. 苍耳等48种植物提取物的杀虫活性 [J]. 植物资源与环境学报，17(1): 33–37.

苏新国，宓穗卿，王宁生，等，2006. 苍耳子药用研究进展 [J]. 中药新药与临床药理，17(1): 68–72.

苍耳植株

苍耳的花序   苍耳的果实

3. 豚草属

豚草（*Ambrosia artemisiifolia* L.）

物种别名：豕草、普通豚草、艾叶破布草、美洲艾。

分类地位：被子植物门，双子叶植物纲，合瓣花亚纲，桔梗目，菊科，管状花亚科，向日葵族，豚草属。

生境分布：豚草具有极强的繁殖能力和环境适应能力，分布范围很广，生于山坡、沙地、路边等。我国大部分省区均有分布。原产北美，现已分布于世界各地。

形态性状：一年生草本植物；茎上部分枝多，有棱，被疏生密糙毛；下部叶对生，上部叶互生，羽状分裂，裂片狭小，长圆形至倒披针形，全缘，背面灰绿色，密被短糙毛；头状花序小，单性，雌雄同株；雄头状花序有10~15朵小花，半球形或卵形，在枝端密集成总状，花冠淡黄色，雌头状花序在雄花序下面或在下部叶腋单生，或2~3个密集成团伞状，有1朵能育花，总苞闭合，在顶部以下有4~6个尖刺，稍被糙毛；瘦果倒卵形，藏于坚硬的总苞中。花期8—9月，果期9—10月。

耐盐能力：适应性极强，可生长于海滨沙地，具有一定的耐盐性。

资源价值：恶性杂草，被列入中国外来入侵物种名单，对禾本科、菊科等植物有抑制、排斥作用；研究表明，豚草提取液作为杀虫抑菌制剂，其安全性显著优于有机磷药剂。

繁殖方式：主要通过种子进行繁殖。

参考文献

曾珂，朱玉琼，刘家熙，2010. 豚草属植物研究进展 [J]. 草业学报，19(4): 212–219.

李建东，殷萍萍，孙备，等，2009. 外来种豚草入侵的过程与机制 [J]. 生态环境学报，18(4): 1560–1564.

张欣倩，张国财，包颖，等，2012. 豚草提取液对小鼠肝脏 CarE 活性及蛋白质含量的影响 [J]. 北京林业大学学报，34(2): 109–111.

豚草植株

豚草的花序

4. 鳢肠属

鳢肠（*Eclipta prostrata* L.）

物种别名：乌田草、墨旱莲、旱莲草、墨水草、乌心草。

分类地位：被子植物门，双子叶植物纲，菊目，菊科，管状花亚科，向日葵族，鳢肠属。

生境分布：生于路旁、田边、河边等地。分布于全国各省区。世界热带及亚热带地区广泛分布。

形态性状：一年生草本，高达60厘米；茎通常自基部分枝，斜升或平卧，被贴生糙毛；单叶对生，长圆状披针形或披针形，无柄或有极短的柄，顶端尖或渐尖，边缘有细锯齿或有时仅波状，两面密被硬糙毛；头状花序小，总苞片绿色，5~6个排成2层，外围的雌花2层，舌状，舌片顶端2浅裂或全缘，中央的两性花多数，花冠管状，白色，顶端4齿裂；瘦果暗褐色，雌花的瘦果三棱形，两性花的瘦果扁四棱形，表面有小瘤状突起。花期6—9月。

耐盐能力：种子对盐分有一定的耐受性，当NaCl浓度为0.15 mol/L时，萌发率为42.22%。

资源价值：幼嫩茎叶可作饲料，各类家畜喜食；全草入药，有凉血、止血、消肿、强壮之功效；现代药理研究还表明，鳢肠外用能有效防治感染，促进伤口愈合。

繁殖方式：主要通过种子进行繁殖。

参考文献

罗小娟，吕波，李俊，等，2012.鳢肠种子萌发及出苗条件的研究 [J].南京农业大学学报，35(2):71-75.

杨韵若，陆阳，2005.鳢肠属植物的化学成分和药理作用 [J].国外医药：植物药分册，20(1):10-14.

鳢肠的茎和叶

鳢肠的花

5. 向日葵属

菊芋（*Helianthus tuberosus* L.）

物种别名：洋姜、鬼子姜、五星草、洋羌、番羌。

分类地位：被子植物门，双子叶植物纲，合瓣花亚纲，菊目，菊科，管状花亚科，向日葵属，向日葵族。

生境分布：耐寒抗旱、耐瘠薄。原产北美洲，现我国各地广泛栽培。

形态性状：多年生草本植物，高 1~3 米；有地下块茎，地上茎直立，有分枝，被白色短糙毛或刚毛；单叶，通常对生，有叶柄，叶片有离基三出脉，卵圆形或卵状椭圆形，顶端渐尖，边缘有粗锯齿，上面被白色短粗毛，下面被柔毛，叶脉上有短硬毛；头状花序较大，总苞片多层，背面被短伏毛，舌状花黄色，开展，长椭圆形，管状花花冠黄色；瘦果小，上端有 2~4 个有毛的锥状扁芒。花期 8—9 月。

耐盐能力：可生长于海滨沙地及荒漠地区，具有一定的耐盐性。

资源价值：块茎可食，是一种味美的蔬菜，亦可加工成酱菜；新鲜的茎、叶及块茎可作饲料；块茎及茎叶入药，性甘、凉，用于消渴、治疗热病、跌打骨伤等；块茎还可制菊糖，是治疗糖尿病的良药；菊芋的根系特别发达，只需 2~3 年时间就会在地表形成一层由菊芋的茎和根系编织而成的防护网络，从而有效固定地表层的水土；亦可供观赏。

繁殖方式：一般采用块茎进行繁殖，也可以通过种子进行繁殖。

参考文献

刘祖昕，谢光辉，2012. 菊芋作为能源植物的研究进展 [J]. 中国农业大学学报，17(6): 122–132.

乌日娜，朱铁霞，于永奇，等，2013. 菊芋的研究现状及开发潜力 [J]. 草业科学，30(8): 1295–1300.

周正，曹海龙，朱豫，等，2008. 菊芋替代玉米发酵生产乙醇的初步研究 [J]. 西北农业学报，17(4): 297–301.

菊芋植株 菊芋的花

6. 鬼针草属

（1）婆婆针（*Bidens bpinnata* L.）

物种别名：鬼针草、刺针草。

分类地位：被子植物门，双子叶植物纲，菊亚纲，菊目，菊科，向日葵族，鬼针草属。

生境分布：生于路边、荒地及山坡等。分布于我国大部分省区。广布于亚洲、美洲、欧洲及非洲东部。

形态性状：一年生草本，高可达 120 厘米；茎下部略具四棱，上部被稀疏柔毛；叶对生，叶柄腹面具沟槽，槽内及边缘具疏柔毛，叶片二回羽状分裂，第一次分裂深达中肋，裂片再次羽状分裂，小裂片三角状或菱状披针形，两面均被疏柔毛；头状花序直径 6~10 毫米，总苞杯状，外层苞片 5~7 枚，条形，内层苞片膜质，椭圆形；舌状花通常 1~3 朵，不育，舌片黄色，盘花筒状，黄色，冠檐 5 齿裂；瘦果条形，具 3~4 棱，具瘤状突起及小刚毛，顶端芒刺 3~4 枚，亦有 2 枚。花果期 8—10 月。

耐盐能力：可生长于海滨沙地，具有一定的耐盐性。

资源价值：民间常用草药，全草入药，有清热解毒、散瘀消肿等功效，外用可治毒蛇咬伤、跌打肿痛等；对蚜虫和螟虫有较好的防治作用。

繁殖方式：主要通过种子进行繁殖。

参考文献

曹健康，程周旺，方建新，2008. 黄山市野生杀虫植物资源研究初报 [J]. 中国农学通报，24(1)：415–419.

李胜峰，蒋海强，张玲，等，2016. 鬼针草属植物液相色谱指纹图谱与抗氧化作用的相关分析 [J]. 山东中医药大学学报，40(4): 369–372.

婆婆针的头状花序

婆婆针植株

（2）金盏银盘［*Bidens biternata* (Lour.) Merr. et Sherff］

物种别名：大鬼针草。

分类地位：被子植物门，双子叶植物纲，菊亚纲，菊目，菊科，向日葵族，鬼针草属。

生境分布：生态环境要求不严格，生于路边、荒地、山坡、湿地等。分布于我国华南、华东、华中、西南及河北、山西、辽宁等地。朝鲜、日本、东南亚各国以及非洲、大洋洲均有分布。

形态性状：一年生草本，高可达150厘米；茎略具四棱；叶为一回羽状复叶，顶生小叶卵形至长圆状卵形或卵状披针形，先端渐尖，边缘具锯齿，侧生小叶1~2对，卵形或卵状长圆形，边缘有锯齿；头状花序，总苞基部有短柔毛，外层苞片8~10枚，条形，背面密被短柔毛，内层苞片长椭圆形或长圆状披针形，背面褐色，有深色纵条纹，被短柔毛；舌状花通常3~5朵，不育，舌片淡黄色，盘花筒状，冠檐5齿裂；瘦果条形，黑色，长9~19毫米，具四棱，顶端芒刺3~4枚。花果期8—10月。

耐盐能力：可生长于海滨沙地，具有一定的耐盐性。

资源价值：全草入药，有清热解毒、凉血止血、散瘀消肿、抗氧化之功效。

参考文献

马陶陶，谢晋，张群林，等，2012.金盏银盘指纹图谱的建立及其活性成分的研究 [J]. 中药材，35(6): 892–896.

刘玉红，徐凌川，2006.金盏银盘总黄酮的含量测定 [J]. 食品与药品，8(3A): 49–50.

金盏银盘植株

金盏银盘的花序

7. 菊属

野菊 [*Dendranthema indicum* (L.) Des Moul.]

物种别名：油菊、疟疾草、苦薏、路边黄、山菊花，野黄菊、九月菊。

分类地位：被子植物门，双子叶植物纲，菊亚纲，菊目，菊科，管状花亚科，春黄菊族，菊属，菊组。

生境分布：生于山坡、灌丛、湿地等。我国大部分地区有分布。印度、日本、朝鲜、俄罗斯也有分布。

形态性状：多年生草本，高可达 1 米；茎直立或铺散，被稀疏的毛；基生叶花期脱落，茎生叶卵形、长卵形或椭圆状卵形，有稀疏的短柔毛，羽状半裂、浅裂或分裂不明显而边缘有浅锯齿，叶柄长 1~2 厘米；头状花序直径 1.5~2.5 厘米，多数，在茎顶端排成疏松的伞房圆锥花序；总苞片约 5 层，苞片边缘白色或褐色，宽膜质；舌状花黄色，顶端全缘或 2~3 齿，管状花全部黄色，顶端 5 齿裂；瘦果。花期 6—11 月。

耐盐能力：可生长于海滨盐渍地区，具有较好的耐盐能力。

资源价值：全草入药，具有清热解毒的功效，可用于治疗流行性感冒、脑脊髓膜炎、毒蛇咬伤等；干燥头状花序是我国一种传统中药，现代药理学研究表明，其具有抗炎、免疫调节、抗焦虑、抑菌和抗病毒等多种作用；具有良好的抗旱性状和观赏价值，可应用于城市绿化建设。

繁殖方式：可以通过种子进行繁殖，也可分株繁殖。

参考文献

何淼，李文鹤，卓丽环，2011. 野菊幼苗对自然干旱胁迫的生理响应 [J]. 草业科学，28(8): 1456–1460.

吴雪松，许浚，张铁军，等，2015. 野菊的化学成分及质量评价研究进展 [J]. 中草药，46(3): 443–452.

野菊植株

野菊的花

8. 蒿属

（1）黄花蒿（*Artemisia annua* Linn.）

物种别名：草蒿、青蒿、臭蒿、犾蒿、黄蒿等。

分类地位：被子植物门，双子叶植物纲，桔梗目，菊科，蒿属。

生境分布：适应性强，可生长在路旁、荒地、山坡、林缘、干河谷、半荒漠及砾质坡地等处，也见于盐渍化的土壤上。遍布全国。广布于欧洲、亚洲的温带、寒温带及亚热带地区。

形态性状：一年生草本，有浓烈的香气；茎单生，有纵棱，幼时绿色，后变褐色或红褐色，多分枝；叶栉齿状羽状深裂；头状花序球形，多数，有短梗，基部有线形的小苞叶，在分枝上排成总状或复总状花序，并在茎上组成开展、尖塔形的圆锥花序；总苞片3~4层，花序托凸起，半球形，花深黄色，边缘为雌花10~18朵，中央为两性花10~30朵，结实或少数花不结实；瘦果小，椭圆状卵形，略扁。花果期8—11月。

耐盐能力：可生长于盐渍土壤，具有一定的耐盐能力。

资源价值：干燥地上部分入药为青蒿，富含多种挥发性和非挥发性的活性成分，挥发性成分主要为挥发油，在植物体内的量为0.2%~0.5%，具有广谱抑菌活性，对病毒、真菌及细菌等多种微生物有抑制作用，体内的青蒿素为倍半萜内酯化合物，为抗疟的主要有效成分，治各种类型疟疾。

繁殖方式：主要通过种子进行繁殖。

参考文献

向丽，张卫，陈士林，2016.中药青蒿本草考证及DNA鉴定[J].药学学报，51(3):486–495.

张晓蓉，彭光花，陈功锡，等，2011.黄花蒿残渣挥发油化学成分及其抑菌活性分析[J].中草药，42(12):2418–2421.

张永强，丁伟，赵志模，等，2008.黄花蒿提取物对朱砂叶螨生物活性的研究[J].中国农业科学，41(3):720–726.

黄花蒿生境

黄花蒿的茎和叶

黄花蒿的花序

（2）茵陈蒿（*Artemisia capillaries Thunb.*）

物种别名：因尘、马先、茵陈、白蒿、绵茵陈、绒蒿、细叶青蒿、臭蒿、安吕草、婆婆蒿、野兰蒿。

分类地位：被子植物门，双子叶植物纲，合瓣花亚纲，菊目，菊科，管状花亚科，春黄菊族，蒿属。

生境分布：生于山坡、路旁、河岸或海岸附近的湿润沙地。我国大部分省区有分布。国外的朝鲜、日本、菲律宾、越南、柬埔寨、马来西亚、印度尼西亚及俄罗斯等亦有分布。

形态性状：半灌木状多年生草本，高 40~120 厘米，植株有浓烈的香气；茎单生或少数，红褐色或褐色，有不明显的纵棱，基部木质，茎、枝初时密生灰白色或灰黄色绢质柔毛，后渐稀疏或脱落；基生叶密集着生，常成莲座状，被毛，叶二至三回羽状全裂，小裂片狭线形或狭线状披针形；头状花序卵球形，多数，常排成复总状花序，并在茎上端组成大型、开展的圆锥花序；总苞片 3~4 层，外侧的雌花 6~10 朵，中央的两性花 3~7 朵；瘦果长圆形或长卵形。花果期 7—10 月。

耐盐能力：属盐生植物，在低浓度的盐胁迫下可正常生长，具有一定的耐盐能力。

资源价值：幼嫩茎叶可食，鲜或干草可用作家畜饲料；茵陈蒿为我国传统中药，以全草入药，具有清利湿热、利胆退黄之功效，临床上主要用于治疗黄疸尿少、湿疮瘙痒、传染性黄疸性肝炎等症；种子中蛋白质氨基酸含量高且种类齐全，有很高的营养保健功能；含有 6，7- 二甲氧基香豆素、绿原酸、咖啡酸等成分，可刺激头发生长；还可以提高土壤微生物群落的数量、活性和多样性，对退化湿地表现出较好的修复效果。

繁殖方式：主要通过种子进行繁殖。

参考文献

董岩，王新芳，崔长军，等，2008.茵陈蒿的化学成分和药理作用研究进展 [J]. 时珍国医国药，19(4): 874–876.

谷丙亚，2016. 含茵陈方剂在黄疸病中的应用 [J]. 中医学报，31(3): 416–418.

沈飞海，吕俊华，潘竞锵，2008.茵陈蒿提取物对胰岛素抵抗性大鼠脂肪肝调脂保肝作用及机制研究 [J]. 中成药，30(1): 28–31.

茵陈蒿幼株　　　　　　　　　　　　　　　　茵陈蒿成株

（3）海州蒿（*Artemisia fauriei* Nakai.）

物种别名：苏北碱蒿、矮青蒿。

分类地位：被子植物门，双子叶植物纲，合瓣花亚纲，菊目，菊科，管状花亚科，春黄菊族，蒿属。

生境分布：耐盐碱，耐干旱，国内主要分布于河北、山东、江苏三省沿海地区的滩涂或沟边。国外的朝鲜、日本也有分布。

形态性状：多年生草本，高 20~60 厘米；茎单一，分枝多，紫褐色或淡褐色，有纵棱；基生叶密集着生，茎生叶互生，叶稍肉质，二（至三）回羽状全裂，裂片狭线形；头状花序卵球形或卵球状倒圆锥形，小，多数，下垂，在分枝上排成复总状花序，并在茎上组成略开展或狭长的圆锥花序，花序托凸起，有白色托毛；总苞片 3~4 层，外侧的雌花 2~5 朵，中央的两性花 8~15 朵；瘦果倒卵形，稍压扁。花果期 8—10 月。

耐盐能力：属盐生植物，可正常生长于海滨滩涂。

资源价值：是一种重要的中药材，具有很高的药用价值，主治外感风热之头痛、发热、黄疸、小便不利；同时因具有较高的耐盐性，亦可用作盐碱土壤的改良和绿化植物。

繁殖方式：可利用种子进行繁殖。

参考文献

凌敏，刘汝海，王艳，等，2010. 黄河三角洲柽柳林场湿地土壤养分的空间异质性及其与植物群落分布的耦合关系 [J]. 湿地科学，8(1): 92–97.

王文房，邱奉同，2003. 海州蒿组织培养和植株再生 [J]. 植物生理学通讯，39 (5): 478–478.

海州蒿是滨海沙滩的常见物种

海州蒿的花序

（4）艾（*Artemisia argyi* H. Lév. & Vaniot）

物种别名：冰台、遏草、香艾、蕲艾、艾蒿、艾、灸草、医草、黄草、艾绒、艾叶等。

分类地位：被子植物门，双子叶植物纲，菊目，菊科，管状花亚科，春黄菊族，蒿属，艾组。

生境分布：适应性强，生于荒地、路旁、河边及山坡等地。分布广，除极干旱与高寒地区外，几乎遍及全国。蒙古、朝鲜、俄罗斯亦有分布。

形态性状：多年生草本或略成半灌木状，高可达 2 米，植株有浓烈香气；常有横走地下根状茎，地上茎单生或少数，有明显纵棱，褐色或灰黄褐色，基部稍木质化，被灰色蛛丝状柔毛；叶厚纸质，羽状深裂，上面被灰白色短柔毛，并有白色腺点，背面密被灰白色蛛丝状密茸毛；头状花序椭圆形，小，多数，排成穗状或复穗状花序；总苞片 3~4 层，外层背面密被灰白色蛛丝状绵毛，雌花 6~10 朵，花冠紫色，两性花 8~12 朵，花冠管状或高脚杯状，檐部紫色；瘦果长卵形或长圆形。花果期 7—10 月。

耐盐能力：可生长于海滨沙地，具有一定的耐盐性。

资源价值：幼嫩茎叶可食；为常用中草药，含挥发油、黄酮类化合物等活性成分，主要有温经活络、驱寒止痛、美容养颜、延缓衰老的功能；可驱虫防蚊；艾草还可用作天然染料及制作印泥。

繁殖方式：生产中主要以根茎分株进行营养繁殖，也可以通过种子进行繁殖。

参考文献

况伟，刘志伟，张晨，等，2015. 艾草抗氧化活性物质的提取分离 [J]. 中国食品添加剂，6: 109–113.

孙锋，张宽朝，2009. 野生艾草黄酮的含量及抗氧化性研究 [J]. 中国野生植物资源，28(3): 58–61.

姚勇芳，石琳，谭才邓，2011. 艾草中抑菌物质的提取研究 [J]. 食品科技，36(11): 212–214.

滨海沙滩上的艾群落

艾植株

艾的茎和叶

艾的花序

9. 蓟属

（1）大刺儿菜 [*Cirsium setosum* (Willd.)MB.]

物种别名：大蓟、刺儿菜。

分类地位：被子植物门，双子叶植物纲，菊亚纲，菊目，刺儿菜亚目，菊科，菜蓟族，飞廉亚族，蓟属，刺儿菜组。

生境分布：生于丘陵、路旁、荒地等。分布于我国大部分省区。朝鲜、日本、蒙古等亦有分布。

形态性状：多年生草本，高 60~150 厘米；茎粗壮，上部具分枝；叶长圆状披针形或披针形，边缘具羽状缺刻状牙齿或羽状浅裂，常无柄；雌雄异株，头状花序多数，在茎顶排成疏松的伞房花序；总苞片多层，外层短，先端有刺尖，花冠紫红色，花冠裂片深裂至冠檐的基部；瘦果淡黄色，冠毛羽状灰白色，多层；种子淡褐色。花果期 5—9 月。

耐盐能力：可生长于海滨沙地，具有一定的耐盐性。

资源价值：幼嫩茎叶可食，亦可作饲料；全草入药，具有凉血、止血、消瘀散肿的功效。

繁殖方式：可通过种子进行繁殖。

参考文献

郡本厚，尹祖棠，1995.大刺儿菜和小刺儿菜的植物化学分类学研究 [J].广西植物，15(4): 325–326.

刘旻霞，陈世伟，安琪，2015.不同组成群落 3 种共有植物光合生理特征研究 [J].西北植物学报，35(5): 998–1004.

孙稚颖，李法曾，1999.刺儿菜复合体的形态学研究 [J].植物研究，19 (2): 143–147.

大刺儿菜生境

大刺儿菜的花序

大刺儿菜植株

大刺儿菜的果实

（2）小刺儿菜（*Cirsiums segetum* Bge.）

物种别名：小蓟、青青草、蓟蓟草、刺狗牙、刺蓟、枪刀菜、小恶鸡婆、荠荠菜。

分类地位：被子植物门，双子叶植物纲，菊亚纲，菊目，刺儿菜亚目，菊科，菜蓟族，飞廉亚族，蓟属，刺儿菜组。

生境分布：适应性很强，生于荒地、耕地、路边、山坡等地。几乎遍布全国各地。朝鲜、日本等亦有分布。

形态性状：多年生草本，高 20~60 厘米；茎有棱，幼茎被白色蛛丝状毛；叶椭圆形或椭圆状披针形，顶端钝或圆形，基部楔形，通常无叶柄，叶缘有细密的针刺；雌雄异株，头状花序单个或数个生于茎顶端；总苞片多层，花冠浅紫红色，花冠裂至冠檐中部稍下处；瘦果，冠毛羽状污白色；种子浅黄色。花果期 5—7 月。

耐盐能力：适应性很强，可生长于海滨沙地，具有一定的耐盐能力。

资源价值：幼嫩茎叶可食或作饲料；全草入药，具有凉血止血、祛瘀消肿的功效，提取物对肿瘤细胞生长有抑制作用。

繁殖方式：主要通过种子进行繁殖。

参考文献

李桂凤，马吉祥，李传胜，等，2008. 刺儿菜提取物抗 BEL-7402 肿瘤细胞活性的研究 [J]. 营养学报，30(2):174-176.

张伟，何俊皓，郝文芳，2016. 黄土丘陵区不同管理方式下草地优势种群的生态位 [J]. 草业科学，33(7): 1391-1402.

小刺儿菜植株

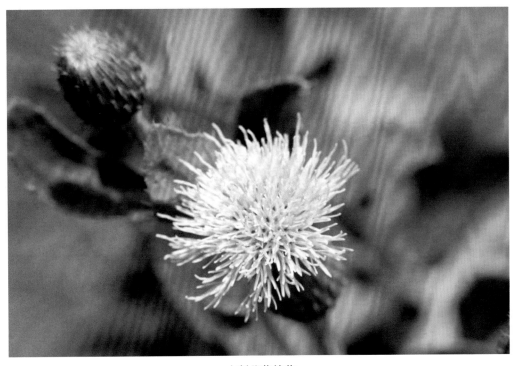

小刺儿菜的花

10. 泥胡菜属

泥胡菜 [*Hemistepta lyrata* (Bunge) Bunge]

物种别名： 猪兜菜、苦马菜、剪刀草、破棉袄、石灰菜、绒球、花苦荬菜、苦郎头。

分类地位： 被子植物门，双子叶植物纲，合瓣花亚纲，桔梗目，菊科，管状花亚科，菜蓟族，泥胡菜属。

生境分布： 适应性强，生长于路边、荒地、山谷、丘陵、水塘边、溪边等。除新疆和西藏外，分布几乎遍及全国各地。澳大利亚、日本、朝鲜等也有分布。

形态性状： 一年生草本，高 30~100 厘米；茎单生，通常纤细，被稀疏蛛丝毛；叶长椭圆形或倒披针形，大头羽状深裂或几全裂，侧裂片 2~6 对，上面绿色，下面灰白色，被厚或薄茸毛；头状花序在茎枝顶端排成疏松伞房花序；总苞宽钟状或半球形，总苞片多层，覆瓦状排列，管状花，紫色或红色，花冠裂片 5，线形；瘦果小，深褐色，有尖细肋，冠毛两层，白色，外层冠毛刚毛羽毛状，后脱落，内层冠毛刚毛极短，鳞片状，宿存。花果期 3—8 月。

耐盐能力： 可生长于海滨沙地，具有一定的耐盐性。

资源价值： 幼嫩茎叶可食或作饲料；全草入药，具有清热解毒、消肿散结功效，可治疗乳腺炎、疔疮、颈淋巴炎、痈肿，牙痛、牙龈炎等病症；乙酸乙酯提取物可能含有具有除草活性的成分，有开发为天然除草剂的潜力；泥胡菜还是一种抗菌中草药，对多种病原菌具有较强的抗菌作用，可将其有效成分提取出来研制成各类制剂用于兽医临床，治疗多种细菌性疾病。

繁殖方式： 主要通过种子进行繁殖。

参考文献

高兴祥，李美，高宗军，等，2008. 泥胡菜等 8 种草本植物提取物除草活性的生物测定 [J]. 植物资源与环境学报，17(4): 31-36.

隆雪明，游思湘，刘湘新，等，2007. 泥胡菜水提物的体外抗菌作用试验 [J]. 动物医学进展，28(11): 37-40.

邬秀娟，王黎，管丽娜，等，2011. 泥胡菜黄酮类化学成分研究 [J]. 中国实验方剂学杂志，17(9): 107-110.

泥胡菜的花蕾

泥胡菜植株

泥胡菜的花序

11. 碱菀属

碱菀（ *Tripolium vulgare* Nees. ）

物种别名：竹叶菊、铁杆蒿、金盏菜。

分类地位：被子植物门，双子叶植物纲，菊亚纲，菊目，菊科，管状花亚科，紫菀族，碱菀属。

生境分布：生于海岸、湖滨、沼泽及盐碱地。分布于我国的新疆、内蒙古、甘肃、陕西、山西、辽宁、吉林、山东、江苏、浙江等省区。朝鲜、日本、俄罗斯、中亚、伊朗、欧洲、非洲北部及北美洲亦有分布。

形态性状：一年生草本，可高达 80 厘米；茎单生或数个丛生，下部常带红色，上部有多少开展的分枝；叶肉质，互生，基生叶花期枯萎，下部叶条状或矩圆状披针形，顶端尖，全缘或有具小尖头的疏锯齿，中上部叶尖小；头状花序排成伞房状，有长花序梗，总苞近管状，花后钟状，总苞片 2~3 层，疏覆瓦状排列，绿色，边缘常红色；舌状花为雌花，1 层，舌片蓝紫色，中央为管状花，两性，黄色；瘦果扁，被疏毛，冠毛有多层极细的微糙毛。花果期 8—12 月。

耐盐能力：耐盐能力强，是温带气候区专性盐生植物、强盐碱土和碱土的指示植物。

资源价值：碱菀耐盐碱、花期长，有良好的观赏效果，适于在盐碱度较高的地区做观花地被。

繁殖方式：主要通过种子进行繁殖。

参考文献

庞丙亮，曹帮华，张秀秀，等，2010.盐碱胁迫下碱菀的适应性研究 [J]. 安徽农学通报，1: 57–58.

魏佳丽，崔继哲，赵鹤翔，等，2010.盐碱与干旱胁迫对碱菀种子萌发和 TvNHX1 表达的影响 [J]. 应用生态学报，6: 1389–1394.

碱菀在鱼塘四周广泛分布

碱菀的花

12. 鸦葱属

（1）鸦葱（*Scorzonera glabra* Rupr.）

物种别名：罗罗葱、谷罗葱、兔儿奶、笔管草、老观笔、东方鸦葱。

分类地位：被子植物门，双子叶植物纲，菊亚纲，菊目，菊科，舌状花亚科，菊苣族，鸦葱亚族，鸦葱属。

生境分布：生于路边、山坡、草滩及河滩等地。国内大部分省区有分布。国外的欧洲中部、地中海沿岸地区、俄罗斯、蒙古等亦有分布。

形态性状：多年生草本，高 10~42 厘米，有乳汁；根垂直直伸，黑褐色；茎多数，簇生，不分枝，茎基被稠密的棕褐色纤维状撕裂的鞘状残遗物；叶线形到长椭圆形，顶端渐尖或钝而有小尖头或急尖，基部形成扩大的叶鞘，边缘平或稍见皱波状，两面无毛或仅沿基部边缘有蛛丝状柔毛；头状花序单生茎端；舌状小花黄色，5 齿裂；瘦果圆柱状，有多数纵肋，冠毛淡黄色，与瘦果连接处有蛛丝状毛环，大部为羽毛状，羽枝蛛丝毛状，上部为细锯齿状。花果期 4—7 月。

耐盐能力：可生长于海滨滩涂，具有一定的耐盐能力，但随着盐浓度的不断增大，种子的萌发会受到明显的抑制。

资源价值：嫩叶可食；富含黄酮类、香豆素类、三萜类及倍半萜类等成分，全草入药，可治疗肝炎、痈疽、疮疖等症；鸦葱花型花色优美，可作为绿化观赏材料。

繁殖方式：主要通过种子进行繁殖。

参考文献

高敬宇，2015. 鸦葱总黄酮纯化方法及 HPLC 指纹图谱的研究 [D]. 长春：吉林大学.

贺学礼，2004. 中国鸦葱属 (*Scorzonera* L.) 植物分类学研究 [J]. 河北大学学报：自然科学版，24(1): 65–73.

田美华，唐安军，宋松泉，2007. 温度和渗透胁迫对细叶鸦葱种子萌发的影响 [J]. 云南植物研究，29(6): 682–686.

鸦葱植株

鸦葱未开的花序

鸦葱的花序

（2）蒙古鸦葱（*Scorzonera mongolica* Maxim.）

物种别名：羊角菜、羊犄角。

分类地位：被子植物门，双子叶植物纲，菊亚纲，菊目，菊科，鸦葱属。

生境分布：生于草滩、河滩、盐化草甸、盐碱地等。分布于我国的辽宁、河北、山西、陕西、宁夏、甘肃、青海、新疆、山东、河南。国外的哈萨克斯坦及蒙古等也有分布。

形态性状：多年生草本，高 5~35 厘米，有乳汁；根垂直直伸，圆柱状；茎多数，直立或铺散，灰绿色，茎基部被褐色或淡黄色的鞘状残遗；叶质地厚，肉质，灰绿色，离基三出脉，长椭圆形到线状披针形，顶端渐尖；头状花序单生于茎端，或茎生 2 枚头状花序，成聚伞花序状排列，含 19 枚舌状小花；总苞狭圆柱状，总苞片 4~5 层，舌状小花黄色，偶见白色；瘦果圆柱状，淡黄色，有多数高起纵肋，冠毛白色，羽毛状，羽枝蛛丝毛状，纤细。花果期 4—8 月。

耐盐能力：具有较强的耐盐能力。

资源价值：肉质根及幼嫩茎叶富含营养物质，可作为优质饲料；全草入药，味微苦涩，具有清热解毒、消肿散结的功效，主治跌打损伤等；蒙古鸦葱中富含三萜类化合物，具有一定的抗肿瘤活性。

繁殖方式：可通过种子进行繁殖。

参考文献

王斌，杨立业，李国强，等，2010. 蒙古鸦葱抗肿瘤三萜类成分研究 [J]. 中国药学杂志，10: 727–732.

张国顺，张杰华，2007. 蒙古鸦葱人工高产栽培技术 [J]. 北方园艺 (5): 93–93.

蒙古鸦葱植株

蒙古鸦葱的花序

13. 苦苣菜属

（1）长裂苦苣菜（*Sonchus brachyotus* DC.）

物种别名：荬菜、野苦菜、野苦荬、苦荬菜、苣菜、曲麻菜。

分类地位：被子植物门，双子叶植物纲，菊亚纲，菊目，菊科，舌状花亚科，菊苣族，菊苣亚族，苦苣菜属。

生境分布：生于盐碱土地、山坡草地、林间草地、潮湿地或河边等地。分布于我国的黑龙江、吉林、内蒙古、河北、山西、陕西、山东等省区。

形态性状：一年生草本，有乳汁；根垂直直伸；茎直立，有纵条纹；叶全缘，卵形、长椭圆形或倒披针形，羽状深裂、半裂或浅裂，基部圆耳状扩大，半抱茎，裂片披针形；头状花序少数，在茎枝顶端排成伞房状花序，总苞钟状，总苞片 4~5 层；舌状小花多数，黄色；瘦果长椭圆状，褐色，稍压扁，每面有 5 条高起的纵肋，冠毛白色，纤细、柔软，纠缠，单毛状。花果期 6—9 月。

耐盐能力：在较高盐浓度下亦可生长，是一种抗盐能力很强的野生植物。

资源价值：幼嫩茎叶可食；全草入药，具有凉血利湿、消肿排脓、化瘀解毒之功效，常用于急性咽炎、急性痢疾、阑尾炎、肠炎、痔疮等症；水提取物可以诱导肺癌细胞凋亡，并抑制其生长和增殖，是一种潜在的预防和抑制肿瘤生长的药食两用植物。

繁殖方式：主要通过种子进行繁殖。

参考文献

贺燕云，刘小敏，张彩艳，等，2014. 长裂苦苣菜水提取物对肺癌细胞 A549 增殖和凋亡的影响 [J]. 天然产物研究与开发，26: 1380–1384.

李凤英，李润丰，肖月娟，等，2011. 21 种野菜抗氧化性的分析比较 [J]. 中国食品学报，11(2): 221–225.

郗佩娟，段旭昌，王敏，等，2016. 长裂苦苣菜甲醇提取物各极性成分的抗氧化活性研究 [J]. 食品工业科技，16: 146–156.

长裂苦苣菜是滩涂常见物种

长裂苦苣菜的花序

长裂苦苣菜植株

长裂苦苣菜的花序和果实

（2）花叶滇苦菜（*Sonchus asper* (L.) Hill.）

物种别名：断续菊。

分类地位：被子植物门，双子叶植物纲，合瓣花亚纲，桔梗目，舌状花科，舌状花亚科，菊苣族，莴苣亚族，苦苣菜属。

生境分布：生于路边、山坡、林缘及水边。分布于我国的新疆、山东、江苏、安徽、江西、湖北、四川、云南、西藏等地。欧洲、西亚、俄罗斯、日本等也有分布。

形态性状：一年生草本，高 20~50 厘米；根倒圆锥状，褐色；茎单生或少数簇生，有纵纹或纵棱；叶长椭圆形、倒卵形、匙状或匙状椭圆形，顶端渐尖、急尖或钝，基部耳状抱茎，羽状浅裂、半裂或深裂，侧裂片 4~5 对，边缘有尖齿刺；头状花序 5~10，在茎枝顶端排列成稠密的伞房花序，总苞宽钟状，总苞片 3~4 层；舌状花黄色；瘦果倒披针状，褐色，压扁，两面各有 3 条细纵肋，冠毛白色，柔软，彼此纠缠，基部连合成环。花果期 5—10 月。

耐盐能力：可生长于海滨沙地，具有一定的耐盐能力。

资源价值：幼嫩茎叶可食；全草入药，具有清热解毒、消肿排脓、凉血化瘀、消食和胃、清肺止咳、益肝利尿的功效。

繁殖方式：主要通过种子进行繁殖。

参考文献

高向阳，高遒竹，王长青，等，2014. 微波消解 – 电导率法快速测定花叶滇苦菜中粗蛋白 [J]. 食品科学，35(22):194–197.

荣冬青，于晓敏，樊英鑫，等，2016. 河北省外来逸生种子植物——花叶滇苦菜 [J]. 种子，2: 54–55.

花叶滇苦菜植株

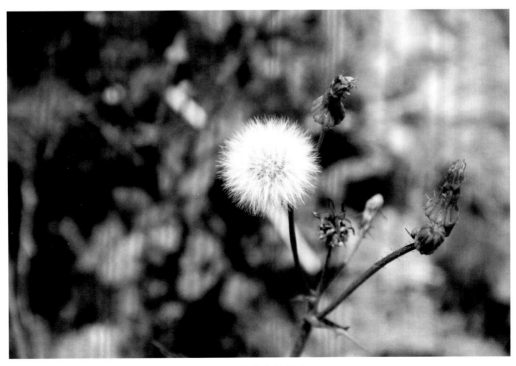

花叶滇苦菜的果实

14. 翅果菊属

翅果菊 [*Pterocypsela indica* (L.) Shih]

物种别名：苦荬苣、山马草、野莴苣、大苦菜。

分类地位：被子植物门，双子叶植物纲，合瓣花亚纲，桔梗目，菊科，舌状花亚科，菊苣族，莴苣亚族，翅果菊属。

生境分布：适应性强，生于山坡、灌丛、田间、路旁、海滨沙地。我国大部分地区有分布。国外的俄罗斯、日本、菲律宾、印度等亦有分布。

形态性状：一年生或二年生草本，有乳汁，高可达 2 米；茎单生，上部圆锥状分枝；单叶互生，无柄，基部常抱茎，下部叶花期枯萎，叶形变化大，长椭圆形至条状披针形，羽状全裂或深裂，裂片边缘缺刻状或锯齿状；头状花序多数，排成圆锥花序，总苞片 4 层，覆瓦状排列，苞片边缘紫红色；舌状小花 25 枚，黄色，舌片顶端截形，5 齿裂；瘦果椭圆形，黑色，压扁，边缘有宽翅，顶端粗短喙，冠毛 2 层，白色。花果期 4—11 月。

耐盐能力：可生长于海滨沙地，具有一定的耐盐性。

资源价值：幼嫩茎叶可食，已引种栽培；含内酯类、苷类、黄酮类、三萜类、甾醇类、挥发油等多种成分，全草入药，具有清热解毒、活血祛瘀和祛风等功效，可治疗风寒咳嗽、肺结核等疾病；民间还做抗肿瘤药物使用；植物花大艳丽，可供观赏。

繁殖方式：主要通过种子进行繁殖。

参考文献

王冉冉，张琪，徐凌川，等，2014. 翅果菊属植物化学成分研究概述 [J]. 山东中医药大学学报，6: 585–586.

张代贵，向小奇，朱杰英，等，2012. 菊科翅果菊属 *Pterocypsela* 2 种药用植物核型及系统进化意义 [J]. 中国中药杂志，11: 1527–1531.

翅果菊是海滩常见物种

翅果菊的叶

翅果菊的花

翅果菊的果实和冠毛

15. 小苦荬属

（1）中华小苦荬 [*Ixeridium chinense* (Thunb.) Tzvel.]

物种别名：小苦苣、黄鼠草、山苦荬、苦菜。

分类地位：被子植物门，双子叶植物纲，菊亚纲，菊目，菊科，舌状花亚科，菊苣族，莴苣亚族，小苦荬属。

生境分布：生于山坡、路旁、田野、河边灌丛或岩石缝隙中。广泛分布于我国大部分省区。国外的俄罗斯、日本、朝鲜亦有分布。

形态性状：多年生草本，有乳汁，高 5~40 厘米；根稍肉质；茎单生或少数簇生，上部有分枝；基部叶簇生，长椭圆形、倒披针形、线形或舌形，顶端钝或急尖，全缘或边缘有尖齿或凹齿，或羽状裂，茎生叶较少，长披针形或长椭圆状披针形，边缘全缘，顶端渐狭，基部耳状抱茎；头状花序含舌状花 21~25 枚，总苞圆柱状，总苞片 3~4 层；花黄色，干时带红色；瘦果褐色，长椭圆形，有 10 条高起的钝肋，冠毛白色。花果期 1—10 月。

耐盐能力：可生长于海滨沙地，具有一定的耐盐性。

资源价值：幼嫩茎叶及根可食，叶亦可炒茶；富含萜类化合物等成分，具有一定的抗肿瘤、抗氧化活性；乙醇提取物对大肠杆菌和枯草芽孢杆菌有一定的抑制作用，有开发为抗菌药物的潜力。

繁殖方式：主要通过种子进行繁殖。

参考文献

马雪梅，马文兵，2011. 中华小苦荬萜类化学成分的研究（英文）[J]. 天然产物研究与开发，23(3): 440–442.

谢春香，张忠镇，彭向永，等，2011. 30 种植物提取物对大肠杆菌和枯草芽孢杆菌抑制作用研究 [J]. 井冈山大学学报：自然科学版，32(5): 55–59.

中华小苦荬植株

中华小苦荬的花和果实

（2）抱茎小苦荬 [*Ixeridium sonchifolium* (Maxim.) Shih]

物种别名：苦碟子、抱茎苦荬菜、苦荬菜、秋苦荬菜、盘尔草、鸭子食、苦菜。

分类地位：被子植物门，双子叶植物纲，菊亚纲，菊目，菊科，舌状花亚科，菊苣族，莴苣亚族，小苦荬属。

生境分布：适应性强，生于山坡、路旁、田野、河滩地、岩石缝隙中。广泛分布于我国大部分省区。国外的日本、朝鲜亦有分布。

形态性状：多年生草本，有乳汁，高 15~60 厘米；根稍肉质；茎单生，直立，上部多分枝；基生叶莲座状，匙形、长倒披针形或长椭圆形，顶端圆形或急尖，有时大头羽状深裂，边缘有锯齿，茎生叶长椭圆形、匙状椭圆形、倒披针形或披针形，羽状浅裂或半裂，基部心形或耳状抱茎；头状花序含舌状花约 17 枚，总苞圆柱形，总苞片 3 层；花黄色；瘦果黑色，纺锤形，有 10 条高起的钝肋，冠毛白色。花果期 3—5 月。

耐盐能力：可生长于海滨沙地，具有一定的耐盐性。

资源价值：幼嫩茎叶及根可食；全草入药，有清热解毒、凉血、活血之功效；亦可供观赏。

繁殖方式：主要通过种子进行繁殖。

参考文献

李成俊，孙琦，陈璋，等，2013. 成南高速公路边坡植被恢复模式 [J]. 植物分类与资源学报，35 (2)：187–194.

王璐艳，张颖，刘克成，2012. 西安城市区野生草本花卉现状调研 [J]. 北方园艺，5：102–104.

抱茎小苦荬植株

抱茎小苦荬的花序

16. 沙苦荬属

沙苦荬菜 [*Chorisis repens* (L.) DC.]

物种别名：窝食、匍匐苦荬菜。

分类地位：被子植物门，双子叶植物纲，菊亚纲，菊目，菊科，舌状花亚科，菊苣族，菊苣亚族，沙苦荬属。

生境分布：生于海边沙地。分布于我国的东北、河北、山东、福建等地的沿海地区。国外的俄罗斯、日本、朝鲜亦有分布。

形态性状：多年生草本，矮小，有乳汁；地下有横走根状茎；单叶互生，有长柄，叶片 3~5 掌裂，裂片阔椭圆形、长椭圆形、圆形或不规则圆形，基部渐狭，顶端圆形或钝，边缘浅波状，有齿；头状花序单生叶腋，有长花序梗，2~5 枚排成疏松的伞房花序，总苞圆柱状，总苞片 2~3 层，外层短，内层长；舌状花 12~60 枚，黄色；瘦果圆柱状，褐色，有 10 条高起的钝肋，顶端有短粗喙，冠毛白色。花果期 5—10 月。

耐盐能力：具有较强的抗盐能力，可以在盐渍化土壤中生长。

资源价值：营养价值高，可作饲料；含有三萜、黄酮、倍半萜、甾醇、香豆素等化学成分，入药有清热解毒、凉血消肿、镇痛抗炎的功效；沙苦荬菜覆被性很强，具有良好的海岸带固沙护滩作用；花序大，花色艳，是夏季绿化、美化海滩的良好草种；亦可做绿肥。

繁殖方式：可利用种子进行繁殖，亦可利用根状茎繁殖。

参考文献

李子双，廉晓娟，王薇，等，2013.我国绿肥的研究进展 [J]. 草业科学，30(7):1135–1140.

彭红丽，王颖，增广娟，2012.秦皇岛滨海野生观赏性盐生植物资源的调查与园林应用 [J]. 园林花卉，13: 112–115.

张敏，潘艳霞，杨洪晓，2013.山东半岛潮上带沙草地的物种多度格局及其对人为干扰的响应 [J]. 植物生态学报，37 (6): 542–550.

沙苦荬菜是滨海沙生植被主要建群物种

沙苦荬菜的叶

沙苦荬菜的地下根状茎

沙苦荬菜的花

沙苦荬菜的花

17. 蒲公英属

蒲公英（*Taraxacum mongolicum* Hand.-Mazz.）

物种别名：灯笼草、姑姑英、婆婆丁、地丁、黄花地丁。

分类地位：被子植物门，双子叶植物纲，菊亚纲，菊目，菊科，舌状花亚科，菊苣族，蒲公英属。

生境分布：适应性强，广泛生于山坡、草地、路边、林下、田野、河滩等，已有引种栽培。国内大部分省区均有分布。国外的朝鲜、蒙古、俄罗斯亦有分布。

形态性状：多年生草本，有乳汁；根圆柱形，表面棕褐色，稍肉质；叶簇生，莲座状，倒卵状披针形、倒披针形或长圆状披针形，先端钝或急尖，边缘有波状齿或羽状深裂，叶柄及主脉常带紫红色，疏被蛛丝状白色柔毛；花葶1至数个，上部紫红色，密被蛛丝状白色长柔毛；头状花序较大，总苞钟状，总苞片2~3层，外层总苞片基部淡绿色，上部紫红色；舌状花黄色；瘦果倒卵状披针形，暗褐色，上部具小刺，下部具成行排列的小瘤，冠毛白色。花期4—9月，果期5—10月。

耐盐能力：可生长于海滨沙地，具有一定的耐盐性。

资源价值：茎、叶及根均可食用，或炒茶，是一种价值较高的药食同源植物；含有黄酮类、萜类、酚酸类、蒲公英色素、植物甾醇类、倍半萜内酯类和香豆素类等多种活性成分，具有良好的广谱抗菌、抗自由基、抗病毒、抗感染、抗肿瘤等作用；入药，有养阴凉血、舒筋固齿、通乳益精、利胆保肝、增强免疫力等功效；蒲公英与其他中药配合用于治疗烧伤合并感染、胃痛、急性胆道感染、腮腺炎等多种疾病；亦可观赏。

繁殖方式：主要通过种子进行繁殖。

参考文献

杜军英，姜东伯，狄柯坪，等，2012. 蒲公英抑菌抗炎作用的研究进展 [J]. 白求恩军医学院学报，10(2)：128–131.

谷肆静，王立娟，2007. 蒲公英总黄酮的提取及其抑菌性能 [J]. 东北林业大学学报，35(8)：43–45.

谢沈阳，杨晓源，丁章贵，等，2012. 蒲公英的化学成分及其药理作用 [J]. 天然产物研究与开发，24(B12)：141–151.

蒲公英植株

蒲公英的花序

蒲公英的地下根

18. 菊苣属

菊苣（*Cichorium intybus* L.）

物种别名：苦苣、苦菜、卡斯尼、皱叶苦苣、明目菜、咖啡萝卜、咖啡草。

分类地位：被子植物门，双子叶植物纲，菊亚纲，菊目，菊科，舌状花亚科，菊苣族，菊苣亚族，菊苣属。

生境分布：生于滨海荒地、河边、水沟边或山坡，已有引种栽培。国内主要分布于北京、黑龙江、辽宁、山西、陕西、新疆、江西等地。广泛分布于欧洲、亚洲和北非。

形态性状：多年生草本，高 40~100 厘米；茎直立，单生，分枝开展，有条棱；基生叶莲座状，倒披针状长椭圆形，基部渐狭有翼柄，羽状深裂或不分裂，边缘有稀疏的尖锯齿，茎生叶少数，卵状倒披针形至披针形，基部扩大半抱茎，两面被稀疏的多细胞长节；头状花序多数，单生或数个集生于茎顶或枝端，总苞圆柱状，总苞片 2 层，边缘有毛；舌状花蓝色；瘦果倒卵状、椭圆状或倒楔形，褐色，有棕黑色色斑，冠毛极短，2~3 层，膜片状。花果期 5—10 月。

耐盐能力：耐盐碱，可作为盐碱地改良的优选牧草。

资源价值：幼嫩茎叶可食，可开发为保健饮品和功能性食品，亦可作饲料；入药，有清热解毒、利尿消肿、健胃的功效，主治湿热黄疸、肾炎水肿、胃脘胀痛、食欲不振等；花、叶美观，可用于园林绿化。

繁殖方式：主要通过种子进行繁殖。

参考文献

凡杭，陈剑，梁呈元，等，2016.菊苣化学成分及其药理作用研究进展 [J].中草药，47(4): 680–688.

刘建宁，石永红，侯志宏，等，2012.4 份菊苣种质材料苗期抗旱性评价 [J].草业学报，21(2): 241–248.

王康，刘艳香，董洁，等，2011.盐胁迫对菊苣幼苗脯氨酸积累及其代谢途径的影响 [J].草地学报，19(1): 102–106.

菊苣植株

菊苣的花

第二节 单子叶植物纲

（一）禾本科

1. 雀麦属

雀麦（*Bromus japonicus* Thunb. ex Murr.）

物种别名：燕麦、杜姥草、牛星草、野麦、野小麦、野燕麦、山大麦、瞌睡草、山稷子。

分类地位：被子植物门，单子叶植物纲，禾本目，禾本科，雀麦属。

生境分布：生于山坡、灌丛、荒野、路旁、田野、河边湿地。国内大部分省区都有分布。欧亚温带广泛分布，北美引种。

形态性状：一年生草本，高40~90厘米；秆丛生、直立；叶片扁平，两面生柔毛，叶鞘闭合，被柔毛，叶舌膜质，先端近圆形；圆锥花序疏展，具2~8分枝，向下弯垂，分枝细，上部着生1~4小穗；小穗黄绿色，密生7~11小花，上部小花常不孕，颖近等长；小花的外稃椭圆形，芒自先端下部伸出，成熟后外弯，内稃狭窄，通常短于其外稃的1/3，两脊疏生细纤毛，雄蕊3；颖果长圆形，先端簇生毛茸。花果期5—7月。

耐盐能力：可生长于海滨沙地，具有一定的耐盐性。

资源价值：品质好、适口性强、营养丰富，是饲用价值较高的一类牧草；全草入药，具有止汗、催产的功效。

繁殖方式：主要通过种子进行繁殖。

参考文献

胡生荣，高永，武飞，等，2007. 盐胁迫对两种无芒雀麦种子萌发的影响 [J]. 植物生态学报，31(3): 513-520.

王东娟，石凤翎，李志勇，等，2009. 雀麦属3种多年生牧草在PEG胁迫下种子活力与抗旱性研究 [J]. 种子，28(5): 31-34.

雀麦植株

雀麦的花序

2. 隐子草属

糙隐子草 [*Cleistogenes squarrosa* (Trin.) Keng]

物种别名：兔子毛。

分类地位：被子植物门，单子叶植物纲，禾本目，禾本科，雀麦属。

生境分布：生于干旱草原、丘陵坡地、沙地、山坡等处。分布于我国的黑龙江、吉林、辽宁、内蒙古、宁夏、甘肃、新疆、河北、山西、陕西、山东等省区。国外的蒙古、俄罗斯及欧洲部分地区亦有分布。

形态性状：多年生草本，高 10~30 厘米；秆直立或铺散，密丛，纤细，绿色，秋季经霜后常变成紫红色；叶片线形，扁平或内卷，粗糙，叶鞘多长于节间，层层包裹直达花序基部，叶舌具短纤毛；圆锥花序狭窄，小穗含 2~3 小花，绿色或带紫色，颖具 1 脉，两颖不等长；小花的外稃披针形，常带紫色，先端具细短芒，内稃具 2 脊，雄蕊 3，柱头羽毛状，紫色；颖果。花果期 7—9 月。

耐盐能力：可生长于海滨沙地，具有一定的耐盐性。

资源价值：优良牧草，各种家畜均喜采食；对冰草（*Agropyron cristatum*）、早熟禾（*Poa annua*）和大针茅（*Stipa grandis*）种子萌发有抑制作用；耐沙漠能力强。

繁殖方式：主要通过种子进行繁殖。

参考文献

宋文娟，张昊，刘果厚 . 2014. 糙隐子草水浸液对 3 种常见草原植物种子萌发的影响 [J]. 草地学报，22(6):1276–1280.

王鑫厅，王炜，梁存柱，等 . 2013. 不同恢复演替阶段糙隐子草种群的点格局分析 [J]. 应用生态学报，24(7): 1793–1800.

朱志梅，杨持 . 2004. 草原沙漠化过程中植物的耐胁迫类型研究 [J]. 生态学报，24(6): 1093–1100.

糙隐子草植株

糙隐子草的花序

3. 画眉草属

画眉草 [*Eragrostis pilosa* (L.) Beauv.]

物种别名：榧子草、星星草、蚊子草。

分类地位：被子植物门，单子叶植物纲，禾本目，禾本科，画眉草属。

生境分布：生于田野草地、路旁、水边等地。我国各地均有分布。广布于全世界温暖地区。

形态性状：一年生草本，高 15~60 厘米；秆丛生，直立或基部膝曲，通常具 4 节；叶片线形扁平或卷缩，叶鞘松裹茎，扁压，鞘缘近膜质，鞘口有长柔毛，叶舌为一圈纤毛；圆锥花序开展或紧缩，多直立向上，小穗具柄，含 4~14 小花，颖不等长，具 1 脉；小花的外稃无芒，具 3 条明显的脉，内稃具 2 脊，雄蕊 3；颖果长圆形。花果期 8—11 月。

耐盐能力：可生长于海滨沙地，具有一定的耐盐性。

资源价值：全草入药，具有利尿通淋、清热活血的功效；可作为景观坪用、护坡、石漠化土地治理以及水土保持的牧草和草坪草材料；画眉草多糖的保湿和吸湿能力优于常用保湿剂甘油、聚乙二醇 400 和壳聚糖，是一种优良的保湿剂。

繁殖方式：主要通过种子进行繁殖。

参考文献

尹俊，孙振中，蒋龙，2009. 画眉草研究进展 [J]. 草业科学，12：60–67.

祝士惠，孙培冬，李海洋，2013. 画眉草多糖提取及其保湿性能研究 [J]. 天然产物研究与开发，25(1)：83–86.

画眉草植株

4. 獐毛属

獐毛 [*Aeluropus sinensis* (Debeaux) Tzvel.]

物种别名：马牙头、马绊草、小叶芦。

分类地位：被子植物门，单子叶植物纲，禾本目，禾本科，画眉草亚科，獐毛族，獐毛属。

生境分布：生于海边及内陆盐碱地。分布于我国的东北、河北、山东、江苏等地沿海一带以及河南、山西、甘肃、宁夏、内蒙古、新疆等省区。

形态性状：多年生草本，高 15~35 厘米；通常有长匍匐茎，秆直立或斜生，具多节，节上多少有柔毛；叶片扁平，叶鞘常长于节间或上部者可短于节间，鞘口常有柔毛，其余部分常无毛或近基部有柔毛，叶舌平截；圆锥花序穗形，其上分枝密接而重叠，小穗长 4~6 毫米，有 4~6 小花；小花的外稃卵形，先端尖或具小尖头，内稃几等长于外稃，雄蕊 3；颖果卵形。花果期 5—8 月。

耐盐能力：属泌盐植物，具有较强的耐盐能力，是盐碱地的重要组成植物，亦是我国温和气候区盐土的指示植物。

资源价值：适口性较好，各种家畜均喜采食，是优良的饲草之一；匍匐茎可打草绳，编制多种工艺品等，是良好的工副业原料；是多风沙区良好的固沙植物；也可用于城市绿化，铺建草坪。

繁殖方式：主要通过种子进行繁殖。

参考文献

刘志华，时丽冉，白丽荣，等，2007. 盐胁迫对獐毛叶绿素和有机溶质含量的影响 [J]. 植物生理与分子生物学学报，33(2): 165–172.

张振铭，胡化广，2009. 盐城滩涂獐毛种质资源及应用前景研究 [J]. 安徽农业科学，37(29): 14150–14151.

獐毛生境

獐毛的茎和叶

獐毛的果穗

5. 芦苇属

芦苇 [*Phragmites australis* (Cav.) Trin. ex Steud.]

物种别名：苇、芦、芦芽、蒹葭。

分类地位：被子植物门，单子叶植物纲，禾本目，禾本科，芦苇属。

生境分布：除森林生境不生长外，各种有水源的空旷地带均能生长，常生于江河湖泽、池塘沟渠沿岸和低湿地。全国各地均有分布。全球广泛分布。

形态性状：多年生草本，高 1~3 米；地下根状茎非常发达，秆直立，粗壮，具 20 多节，基部和上部的节间较短，节下被蜡粉；叶片披针状线形，顶端长渐尖成丝状，叶舌边缘密生一圈长约 1 毫米的短纤毛；圆锥花序大型，分枝多数，着生稠密下垂的小穗，小穗含 4 花，颖不等长；小花的外稃基盘延长，两侧密生等长于外稃的丝状柔毛，内稃狭小，甚短于其外稃，两脊粗糙，雄蕊 3；颖果长约 1.5 毫米。花果期 7—11 月。

耐盐能力：可生长于盐碱地及海滨沙地，具有较强的耐盐能力。

资源价值：幼嫩茎叶为各种家畜所喜食，是一种优良的饲用植物；根部入药，有利尿、解毒、清凉、镇呕、防脑炎等功能；秆为造纸原料或作编席织帘及建棚材料；芦苇除了巨大的经济价值以外，还有重要的生态价值，大面积的芦苇不仅可调节气候，涵养水源，所形成的良好的湿地生态环境，也为鸟类提供栖息、觅食和繁殖的家园；对盐碱地及重金属污染土壤具有改良作用。

繁殖方式：可通过种子进行繁殖，也可通过根状茎进行繁殖。

参考文献

胡楚琦，刘金珂，王天弘，等，2015. 三种盐胁迫对互花米草和芦苇光合作用的影响 [J]. 植物生态学报，39(1): 92–103.

苏芳莉，周欣，陈佳琦，等，2011. 芦苇湿地生态系统对造纸废水中铅的净化研究 [J]. 中国环境科学，31(5): 768–773.

孙博，解建仓，汪妮，等，2012. 芦苇对盐碱地盐分富集及改良效应的影响 [J]. 水土保持学报，26(3): 92–96.

芦苇是滩涂盐生植被的主要建群物种

滩涂湿地的芦苇群落

芦苇的地下根状茎

芦苇的花序

6. 鹅观草属

竖立鹅观草 [*Roegneria japonensis* (Honda) Keng.]

物种别名：鹅观草。

分类地位：被子植物门，单子叶植物纲，禾本目，禾本科，早熟禾亚科，小麦族，鹅观草属。

生境分布：生于山坡、路边。分布于我国的黑龙江、山西、山东、陕西、安徽、江苏、浙江、江西、湖南、湖北、四川等省。国外的日本也有分布。

形态性状：多年生草本，高 70~90 厘米；秆疏丛，直立；叶片线形，扁平，上面及边缘粗糙，下面较平滑；穗状花序直立或曲折稍下垂，长 10~22 厘米，小穗含 7~9 小花，颖椭圆状披针形，先端锐尖或具短尖头；小花的外稃长圆状披针形，边缘具短纤毛，背部粗糙，芒粗糙、反曲，内稃长约为外稃的 2/3，先端截平，雄蕊 3；颖果顶端具毛茸。花果期 5—7 月。

耐盐能力：可生长于海滨沙地，具有一定的耐盐能力。

资源价值：可作饲料；可防风固沙；具有较高的抗逆性，存在一些优良抗性基因，可作为有益的遗传种质资源用于改良麦类作物。

繁殖方式：主要通过种子进行繁殖。

参考文献

翁益群，刘大钧 . 1991. 纤毛鹅观草，竖立鹅观草及鹅观草种间杂种的形态与细胞遗传学研究 [J]. 南京农业大学学报，14(1): 6-11.

肖海峻，翟利剑，卢宏双，等，2007. 小麦族鹅观草属植物研究进展 [J]. 草业科学，24 (4): 41-46.

竖立鹅观草花序

7. 赖草属

滨麦 [*Leymus mollis* (Trin.) Hara]

分类地位： 被子植物门，单子叶植物纲，鸭跖草亚纲，禾本目，禾本科，早熟禾亚科，小麦族，赖草属。

生境分布： 生于海岸沙滩。分布于我国北方沿海地区。朝鲜也有分布。

形态性状： 多年生草本，高 30~80 厘米；具下伸根状茎，秆单生或少数丛生，直立；叶片质较厚而硬，通常内卷，上面微粗糙，下面光滑，基生叶鞘膜质，碎裂呈纤维状，下部叶鞘比节间长，叶舌长 1~2 毫米；复穗状花序长 9~15 厘米，穗轴节间粗壮，被短柔毛，小穗 2~3 枚着生于穗轴每节，各含 2~5 小花，颖片矩圆状披针形，背具脊，被细毛；小花的外稃披针形，先端具小尖头，被细微柔毛，具 5 脉，内稃脊具小纤毛，雄蕊 3；颖果扁长圆形。花期 5 月。

耐盐能力： 具有较高的抗逆性，可生长于海滨沙地，具有一定的耐盐能力。

资源价值： 幼嫩茎叶可作饲料；滨麦具有抗寒、抗旱、耐盐碱、茎秆粗壮等优良性状，同时对小麦的条锈、秆锈、叶锈病和白粉病等多种真菌病害表现高抗或免疫，是改良小麦育种的重要基因源；生长于海岸沙地，具有根状茎，可以防风固沙。

繁殖方式： 可通过种子进行繁殖，也可通过地下根状茎进行繁殖。

参考文献

全炳武，王怡丹，郭晓宇，2008. 聚乙二醇 6000 胁迫下滨麦的生理响应 [J]. 延边大学农学学报，30(4): 265-269.

杨晓菲，2016. 普通小麦 - 滨麦衍生后代的创制及其分子细胞遗传学研究 [D]. 杨凌：西北农林科技大学.

滨麦是海岸沙生植被的主要建群物种　　　　　滨麦发达的地下茎

滨麦可以作为优良牧草

8. 穆属

牛筋草 [*Eleusine indica* (L.) Gaertn.]

物种别名：老驴拽、千千踏、忝仔草、粟仔越、野鸡爪、粟牛茄草、蟋蟀草、蹲倒驴。

分类地位：被子植物门，单子叶植物纲，鸭跖草亚纲，禾本目，禾本科，画眉草亚科，画眉草族、穆亚族，穆属。

生境分布：适应性强，生于荒地、路旁。分布于我国各省区。全世界温带和热带地区亦有分布。

形态性状：一年生草本，高 10~90 厘米；根系极发达；秆丛生，基部倾斜；叶片平展，线形，叶鞘两侧压扁而具脊，叶舌长约 1 毫米；复穗状花序 2~7 个，指状着生于秆顶，小穗两侧压扁，含 3~6 小花，颖片披针形，不等长，具粗糙脊；小花的外稃卵形，具脊，脊上有狭翼，内稃短于外稃，雄蕊 3；颖果卵形。花果期 6—10 月。

耐盐能力：可生长于海滨沙地，具有一定的耐盐能力。种子较耐酸碱，在 pH 值 = 4~11 范围内均可萌发。

资源价值：可作饲料；全草药用，有祛风利湿、清热解毒、散瘀止血的功效，用于防治乙脑、流脑、风湿关节痛、跌打损伤等症；根系发达，为优良保土植物。

繁殖方式：可通过种子繁殖，亦可通过根状茎进行繁殖。

参考文献

向国红，顾建中，王云，等，2012. 外来入侵植物牛筋草的生物学特性与危害成因 [J]. 贵州农业科学，40(8): 129–131.

杨彩宏，冯莉，岳茂峰，等，2009. 牛筋草种子萌发特性的研究 [J]. 杂草科学，3: 21–24.

牛筋草群落

牛筋草植株

牛筋草的花序

9. 虎尾草属

虎尾草 (*Chloris virgata* Swartz)

物种别名： 棒槌草、刷子头、盘草。

分类地位： 被子植物门，单子叶植物纲，禾本目，禾本科，虎尾草属。

生境分布： 生于路旁、荒地、河岸沙地、土墙及房顶上。分布于我国各省区。两半球热带至温带均有分布。

形态性状： 一年生草本，高 12~75 厘米；秆直立或基部膝曲；叶片线形，叶鞘背部具脊，包卷松弛，叶舌短小，长约 1 毫米；复穗状花序 5~10 枚，指状着生于秆顶，常直立而并拢成毛刷状，成熟时常带紫色，小穗无柄，含 2 花，颖膜质，1 脉；第一小花两性，外稃纸质，两侧压扁，3 脉，两侧边缘上部 1/3 处有长 2~3 毫米的白色柔毛，顶端尖，芒自背部顶端稍下方伸出，内稃膜质，略短于外稃，具 2 脊；第二小花不孕，长楔形，仅存外稃，芒长 4~8 毫米；颖果纺锤形，淡黄色。花果期 6—10 月。

耐盐能力： 耐盐性强，对氯化钙、硫酸钠的耐性较强，对硝酸钠和氯化钠的耐受性较差，对氯化镁很敏感，种子在 NaCl 含量为 0.4 摩尔/升的土壤中能正常发芽。

资源价值： 可作饲料；全草入药，具有祛风除湿、解毒杀虫的功效，主治感冒头痛、风湿痹痛、脚气、刀伤等症；根系发达，为重要的水土保持植物；亦可作草坪。

繁殖方式： 主要通过种子进行繁殖，也可采用分株法进行繁殖。

参考文献

李长有，胡亚忱，倪福太，等，2008.盐碱胁迫对虎尾草生长的影响 [J].吉林师范大学学报：自然科学版，29(4): 24-27.

吕家强，李长有，杨春武，等，2015.天然盐碱土壤对虎尾草茎叶有机酸积累影响及胁迫因子分析 [J].草业学报，24(4): 95-103.

余苗，钟荣珍，周道玮，等，2014.虎尾草不同生育期营养成分及其在瘤胃的降解规律 [J].草地学报，22(1):175-181.

虎尾草生境

虎尾草的花序

10. 狗牙根属

狗牙根 [*Cynodon dactylon* (L.) Pers.]

物种别名：绊根草、爬根草、咸沙草、铁线草。

分类地位：被子植物门，单子叶植物纲，禾本目，禾本科，禾亚科，虎尾草族，狗牙根属。

生境分布：生于山坡、荒地、湿地、滨海沙地等，已有引种栽培。主要分布于我国黄河以南各省。全世界温暖地区均有分布。

形态性状：多年性低矮草本，高 10~30 厘米；具根状茎，秆细而坚韧，下部匍匐地面生长，节上生不定根；叶片线形，叶鞘微具脊，无毛或有疏柔毛，鞘口常具柔毛，叶舌仅为一轮纤毛；复穗状花序 3~5 枚呈指状排列，小穗灰绿色或带紫色，仅含 1 小花，颖片具 1 脉，背部成脊而边缘膜质；小花的外稃舟形，具 3 脉，背部明显成脊，脊上被柔毛，内稃与外稃近等长，具 2 脉；颖果长圆柱形。花果期 5—10 月。

耐盐能力：主要通过盐腺向体外分泌盐分，能在盐渍环境中正常生长，具有较好的耐盐性。

资源价值：优良饲草；根状茎入药，具有利尿、活血化瘀等功效；狗牙根生长速度快、耐践踏并且质地细腻，色泽好，是最常用的草坪草之一，是绿化城市及美化环境的良好植物；耐水淹，可用于海滨绿化，亦是一种优良的固土护坡植物。

繁殖方式：可以通过匍匐茎和种子繁殖，以匍匐茎繁殖为主。

参考文献

陈静波，刘建秀，2012. 狗牙根抗盐性评价及抗盐机理研究进展 [J]. 草业学报，21(5): 302–310.

谭淑端，朱明勇，党海山，等，2009. 三峡库区狗牙根对深淹胁迫的生理响应 [J]. 生态学报，29(7): 3685–3691.

叶少萍，曾秀华，辛国荣，等，2013. 不同磷水平下丛枝菌根真菌 AMF 对狗牙根生长与再生的影响 [J]. 草业学报，22(1): 46–52.

狗牙根群落

狗牙根植株

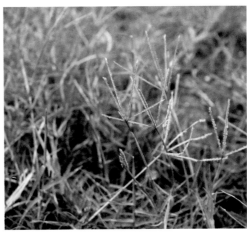

狗牙根的花序

11. 米草属

大米草 (*Spartina anglica* Hubb.)

物种别名：食人草。

分类地位：被子植物门，单子叶植物纲，鸭跖草亚纲，禾本目，禾本科，画眉草亚科，虎尾草族，米草属。

生境分布：生于潮水能经常到达的海滩沼泽中。原产欧洲，现遍布全国沿海地区。

形态性状：秆直立，高 10~120 厘米；分蘖多而密聚成丛；叶片线形，长约 20 厘米，宽 8~10 毫米，先端渐尖，基部圆形，叶鞘大多长于节间，基部叶鞘常撕裂成纤维状而宿存，叶舌短小，具长约 1.5 毫米的白色纤毛；穗状花序长 7~11 厘米，劲直而靠近主轴，先端常延伸成芒刺状，穗轴具 3 棱，2~6 枚总状着生于主轴上，小穗单生，长卵状披针形，疏生短柔毛，成熟时整个脱落，颖不等长；小花的外稃草质，长约 10 毫米，具 1 脉，脊上微粗糙，内稃膜质，具 2 脉；颖果圆柱形。花果期 8—10 月。

耐盐能力：特别耐盐，可在海水中生长。耐碱力的初步实验表明，在 pH 值＝ 10.5~11 的碱土中茎叶仍保持青绿。

资源价值：秆叶可作饲料、绿肥、燃料或造纸原料等；耐盐、耐淤，在海滩上形成稠密的群落，有较好的促淤、消浪、保滩、护堤等作用；对一些海洋藻类的生长有明显的抑制作用；浓酸水解糖得率较高，可以开发作为可再生能源的原料；大米草还可以积累汞，并把有机汞转化为无机汞，在环境污染的植物修复方面有重要的利用价值。

繁殖方式：通常采用分株法进行繁殖。

参考文献

田吉林，诸海焘，杨玉爱，等 . 2004. 大米草对有机汞的耐性、吸收及转化 [J]. 植物生理与分子生物学学报，30(5): 577–582.

徐年军，唐军，张泽伟，等 . 2009. 大米草对赤潮藻的抑制作用及其抑藻物质的分离鉴定 [J]. 应用生态学报，20(10): 2 563–2 568.

陈慧清，张卫，赵宗保，等 . 2007. 大米草浓酸水解及发酵生产生物燃料的初步研究 [J]. 可再生能源，3: 16–20.

大米草极耐海水

大米草植株

12. 稗属

稗 [*Echinochloa crusgalli* (L.) Beauv.]

物种别名：稗子、稗草、扁扁草。

分类地位：被子植物门，单子叶植物纲，鸭跖草亚纲，禾本目，禾本科，黍亚科，黍族，稗属。

生境分布：生于荒地、路旁、沼泽地、沟边及水稻田中。几乎分布于我国各省区。全世界温暖地区均有分布。

形态性状：一年生草本，高 50~150 厘米；秆基部倾斜或膝曲；叶片扁平，线形，边缘粗糙，叶鞘疏松裹秆，叶舌缺；圆锥花序直立，近尖塔形，主轴具棱，粗糙或具疣基长刺毛，分枝斜上举或贴向主轴，有时再分小枝；小穗卵形，密集在穗轴的一侧，第一颖长为小穗的 1/3~1/2，第二颖与小穗等长，具 5 脉，颖片脉上具疣基毛；第一小花通常中性，外稃草质，上部具 7 脉，脉上具疣基刺毛，顶端延伸成一粗壮的芒，内稃薄膜质，狭窄，具 2 脊，第二小花两性；颖果。花果期夏秋季。

耐盐能力：可生长于海滨沙地，具有一定的耐盐能力。

资源价值：可作饲料；根和种子均可入药，有调经、止血的功效。

繁殖方式：主要通过种子进行繁殖。

参考文献

吴声敢，王强，赵学平，等，2006.稻田稗草生物学特性及其综合防除 [J]. 杂草科学，3: 1–5.

稗植株　　　　　　　　　　　　稗的果穗

13. 马唐属

马唐 [*Digitaria sanguinalis* (L.) Scop.]

物种别名：谷莠子、大抓根草、红水草、鸡爪子草、假马唐、俭草、面条筋、盘鸡头草、秫秸秧子、哑用、抓地龙、抓根草。

分类地位：被子植物门，单子叶植物纲，禾本目，禾本科，黍亚科，黍族，雀稗亚族，马唐属。

生境分布：生于路旁、田野、草地等处。主要分布于我国的西藏、四川、新疆、陕西、甘肃、山西、山东、河北、河南及安徽等地。广布于两半球的温带和亚热带山地。

形态性状：一年生草本，高 10~80 厘米；秆直立或下部倾斜，膝曲上升；叶片线状披针形，基部圆形，边缘较厚，微粗糙，具柔毛或无毛，叶鞘短于节间，叶舌长 1~3 毫米；总状花序 4~12 枚成指状着生于主轴上，穗轴直伸或开展；小穗椭圆状披针形，第一颖小，无脉，第二颖具 3 脉，长为小穗的 1/2 左右，脉间及边缘大多具柔毛；小花的第一外稃具 7 脉，脉间及边缘生柔毛，雄蕊 3；颖果长圆状椭圆形。花果期 6—9 月。

耐盐能力：属泌盐盐生植物，能够耐受较高浓度的盐渍环境。

资源价值：茎秆纤细，叶片柔软，无论是鲜草还是干草，都是良好的饲草，各类食草动物均采食；全草入药，有明目、润肺的功效；对重金属离子具有富集效果，可用作重金属污染区域的土壤改良；此外，还可作固土、绿化等地被植物。

繁殖方式：主要通过种子进行繁殖。

参考文献

董必慧，张银飞，王慧，2010. 江苏海岸带耐盐植物资源及其开发利用 [J]. 江苏农业科学，1: 318–321.

严密，杨红飞，姚婧，等，2007. 马唐对 Pb 污染土壤的修复作用 [J]. 土壤通报，38(3): 549–552.

马唐植株

马唐的花序

14. 狗尾草属

狗尾草 [*Setaria viridis* (L.) Beauv.]

物种别名：阿罗汉草、稗子草、狗尾巴草、谷莠子。

分类地位：被子植物门，单子叶植物纲，禾本目，禾本科，黍亚科，黍族，狗尾草亚族，狗尾草属，狗尾草组。

生境分布：喜生长于温暖湿润气候区，以疏松肥沃、富含腐殖质的砂质壤土及黏壤土为宜。生于荒野、道旁。分布于中国各地。原产欧亚大陆的温带和暖温带地区，现广布于全世界的温带和亚热带地区。

形态性状：一年生草本，高 10~100 厘米；秆直立或基部膝曲；叶片扁平，长三角状狭披针形或线状披针形，先端长渐尖或渐尖，边缘粗糙，叶鞘松弛，边缘具较长的密绵毛状纤毛，叶舌极短，缘有长 1~2 毫米的纤毛；圆锥花序紧密，圆柱状，直立或稍弯垂，主轴被较长柔毛；小穗簇生于主轴上，椭圆形，下有刚毛，直或稍扭曲，通常绿色或褐黄到紫红或紫色，第一颖具 3 脉，第二颖具 5~7 脉；小花的第一外稃与小穗等长，具 5~7 脉，先端钝，其内稃短小狭窄；第二外稃具细点状皱纹，边缘内卷，狭窄，雄蕊 3；颖果灰白色。花果期 5—10 月。

耐盐能力：适生性强，耐旱耐贫瘠，酸性或碱性土壤均可生长。可生长于海滨沙地，具有一定的耐盐性。

资源价值：秆、叶可作饲料；全草入药，具有除热、去湿、消肿、止痒、抗过敏的功效，主治腹泻、腹疼、疣、湿疹、疮癣等症。

繁殖方式：主要通过种子进行繁殖。

参考文献

万媛媛，李洪远，莫训强，等，2017.滨海盐碱区湿地植被恢复后群落优势种种间关系分析 [J]. 干旱区资源与环境，31(2):148–154.

张爱武，罗素琴，刘乐乐，等，2012.狗尾草果实中总鞣质的提取和含量测定 [J]. 内蒙古医科大学学报，34 (1):126–29.

狗尾草是滩涂常见物种

狗尾草植株

狗尾草的花序

15. 结缕草属

结缕草（*Zoysia japonica* Steud.）

物种别名：锥子草、延地青。

分类地位：被子植物门，单子叶植物纲，禾本目，禾本科，禾亚科，结缕草族，结缕草属。

生境分布：生于平原、山坡或海滨草地上，有引种栽培。分布于我国的东北、河北、山东、江苏、安徽、浙江等地。国外的日本、朝鲜亦有分布。

形态特征：多年生草本，高15~20厘米；地下具横走根状茎，秆直立，基部常有宿存枯萎的叶鞘；叶片扁平或稍内卷，长2.5~5厘米，宽2~4毫米，表面疏生柔毛，下部叶鞘松弛而互相跨覆，上部叶鞘紧密裹茎，叶舌纤毛状；总状花序呈穗状，小穗柄通常弯曲；小穗卵形，淡黄绿色或带紫褐色，第一颖退化，第二颖质硬，略有光泽，具1脉，近顶端处由背部中脉延伸成小刺芒；小花的外稃膜质，长圆形，长2.5~3毫米；雄蕊3；颖果卵形。花果期5—8月。

耐盐能力：具盐腺，有泌盐能力。

资源价值：耐牧性强，再生力较强，是优良牧草；多年生暖季型草坪草，生物量大，具有耐热、耐旱、耐盐碱、耐瘠薄等优良特性；对重金属镉有一定耐受性，可应用于镉污染土壤的修复。

参考文献

郭海林，刘建秀，2004. 结缕草属植物育种进展概述 [J]. 草业学报，13(3): 106–112.

刘俊祥，孙振元，巨关升，等，2011. 结缕草对重金属镉的生理响应 [J]. 生态学报，31(20): 6149–6156.

王丹，宣继萍，郭海林 等，2011. 结缕草的抗寒性与体内碳水化合物、脯氨酸、可溶性蛋白季节动态变化的关系 [J]. 草业学报，20(4): 98–107.

结缕草群落

结缕草植株

结缕草的花序

16. 荻属

荻 [*Triarrhena sacchariflora* (Maxim.) Nakai]

物种别名：荻草、荻子、霸土剑、巴茅、巴茅根、大白穗草、大茅根、岗柴。

分类地位：被子植物门，单子叶植物纲，鸭跖草亚纲，禾本目，禾本科，黍亚科，高粱族，荻属。

生境分布：生于山坡、荒地、河滩等。分布于我国的黑龙江、吉林、辽宁、河北、山西、河南、山东、甘肃及陕西等省。日本和朝鲜亦有分布。

形态性状：多年生草本，高 1~1.5 米；具发达的根状茎，秆直立，粗壮，具 10 多节，节生柔毛；叶片扁平，宽线形，上面基部密生柔毛，边缘锯齿状粗糙，顶端长渐尖，中脉白色，叶鞘无毛，叶舌短，具纤毛；圆锥花序疏展成伞房状，具 10~20 枚较细弱的分枝，直立而后开展；小穗线状披针形，成熟后带褐色，第一颖 2 脊，边缘和背部具长柔毛，第二颖与第一颖近等长，具纤毛，有 3 脉；小花的内、外稃具纤毛，雄蕊 3，柱头紫黑色；颖果长圆形。花果期 8—10 月。

耐盐能力：可生长于盐碱地区，具有较高的耐盐性。

资源价值：荻的嫩芽可以直接食用、做菜或罐头，类似小笋；化学营养成分接近优良牧草黑麦草（*Lolium perenne*），可作为优质饲料；荻根状茎含淀粉，含糖量高；地上茎含有大量纤维，是单位面积内提供造纸纤维较高的植物，是一种优质的造纸原料；生物质产量高、燃烧特性好和再生能力强，具备可再生源植物的一切优良特性，是具有应用潜力的草本能源物质之一；可以富集 Cu 等重金属离子，可作为重金属污染土壤的修复植物。

繁殖方式：繁殖能力相当强，可用根状茎和种子进行繁殖。

参考文献

范希峰，左海涛，侯新村，等，2010. 芒和荻作为草本能源植物的潜力分析 [J]. 中国农学通报，26(14): 381–387.

张杰，周守标，黄永杰，等，2013. 能源植物荻对铜胁迫的耐性和积累特性 [J]. 水土保持学报，27(2): 168–172.

宗俊勤，陈静波，聂东阳，等，2011. 我国不同地区芒和荻种质资源抗盐性的初步评价 [J]. 草地学报，19(5): 803–807.

荻植株

荻的花序

荻的叶片

17. 白茅属

白茅 [*Imperata cylindrica* (L.) Beauv.]

物种别名：茅针、丝茅草、茅根、茅草、兰根。

分类地位：被子植物门，单子叶植物纲，禾本目，禾本科，黍亚科，高粱族，甘蔗亚族，白茅属。

生境分布：生于低山带平原河岸草地、沙质草甸、荒漠与海滨。国内主要分布于辽宁、河北、山西、山东、陕西、新疆等地区。非洲北部、土耳其、伊拉克、伊朗、中亚、高加索及地中海区域也有分布。

形态性状：多年生草本，高 30~80 厘米；具粗壮的长根状茎，秆直立，具 1~3 节；叶片窄线形，通常内卷，顶端渐尖呈刺状，质硬，被有白粉，基部上面具柔毛，叶鞘聚集于秆基，甚长于其节间，质地较厚，老后破碎呈纤维状，叶舌膜质；圆锥花序稠密，长 20 厘米；小穗基盘具长的丝状柔毛，两颖草质，近相等，具 5~9 脉，脉间疏生长丝状毛；小花的第一外稃透明膜质，无脉，第二外稃与其内稃近相等，顶端具齿裂及纤毛，雄蕊 2，柱头紫黑色，羽状；颖果椭圆形。花果期 4—6 月。

耐盐能力：可生长于海滨沙地，具有一定的耐盐性。

资源价值：干燥根状茎为传统中药，含有糖类、三萜类、内酯类、有机酸类等成分，以多糖为主，具有凉血、止血、清热利尿等功效；近年来，药理研究发现，白茅根具有抗肿瘤、降血压、降血糖、抗菌、抗炎、增强免疫、保肝、治疗肾小球肾炎等多种功效。

繁殖方式：主要通过种子进行繁殖。

参考文献

崔珏, 李超, 尤健, 等, 2012. 白茅根多糖改善糖尿病小鼠糖脂代谢作用的研究 [J]. 食品科学, 33(19):302-305.

付丽娜, 陈兰英, 刘荣华, 等, 2010. 白茅根的化学成分及其抗补体活性 [J]. 中药材, 33(12): 1871-1874.

岳兴如, 侯宗霞, 刘萍, 等, 2006. 白茅根抗炎的药理作用 [J]. 中国临床康复, 10(43): 85-87.

白茅是滩涂植被重要建群物种之一

白茅的花序

白茅植株

白茅的花序

18. 鸭嘴草属

毛鸭嘴草 [*Ischaemum antephoroides* (Steud.) Miq.]

物种别名：鸭嘴草。

分类地位：被子植物门，单子叶植物纲，禾本目，禾本科，黍亚科，高粱族，鸭嘴草亚族，鸭嘴草属。

生境分布：多生于海滩沙地和近海河岸。我国自山东、江苏向南至广东等省沿海地区均产。朝鲜、日本亦有分布。

形态性状：多年生草本，高 30~55 厘米；须根米黄色，较粗壮；秆直立，疏丛生，一侧有凹槽，节上具髯毛；叶片扁平或对折，线状披针形，先端渐尖，两面密被长柔毛，叶缘具软骨质边，叶鞘被柔毛，叶舌上缘撕裂状，叶耳圆钝，直立；总状花序 2，紧密贴合成直径约 1 厘米的圆柱形，整体被白色长柔毛；小穗孪生，一有柄，一无柄，背腹压扁，各含 2 小花，颖片密被柔毛；第一小花雄性，内、外稃均为膜质，有微毛，雄蕊 3；第二小花两性或雌性，外稃先端 2 齿裂，齿间具芒；颖果长圆形。花果期夏秋季。

耐盐能力：耐干旱、贫瘠，可正常生长于沿海干旱瘠薄的沙质海岸前沿地区，具有强耐盐性。

资源价值：是一种良好的牧草资源；高直而柔软的茎秆可作为理想的编制材料，编织品具有一定的艺术价值；毛鸭嘴草根系发达，根深可达 50~80 厘米，而且地上茎秆高大，具有很强的防风固沙能力，是固定沙源、抵御海风的重要屏障。

繁殖方式：主要通过种子进行繁殖。

参考文献

杨洪晓，褚建民，张金屯，2011. 山东半岛滨海沙滩前缘的野生植物 [J]. 植物学报，46(1): 50-58.

张敦论，焦明，2000. 胶南市沙质海岸灌草带植物群落分布及特性的研究 [J]. 山东林业科技，3: 1-4.

毛鸭嘴草植株

毛鸭嘴草的花序

19. 束尾草属

束尾草 [*Phacelurus latifolius* (Steud.) Ohwi]

物种别名：鸟秋、芦秋。

分类地位：被子植物门，单子叶植物纲，禾本目，禾本科，束尾草属。

生境分布：多生长于河流、海滨潮湿岸滩。国内主要分布于河北、山东、江苏、浙江等省沿海地区。国外的日本、朝鲜也有分布。

形态性状：多年生草本，高 1~1.8 米；根状茎粗壮发达，具纸质鳞片；秆直立，节上常有白粉；叶片线状披针形，质稍硬，长可达 40 厘米，宽 1.5~3 厘米，叶鞘无毛，叶舌厚膜质，两侧有纤毛；总状花序 4~10 枚，指状排列于秆顶，小穗孪生，一有柄，一无柄，第一颖革质，背部扁或稍下凹，边缘内折，两脊上缘疏生细刺，第二颖舟形，脊上部亦有细刺；各小花之内外稃均为膜质，稍短于颖；第一小花雄性，雄蕊 3，第二小花两性；有柄小穗稍短于无柄小穗，两侧压扁；颖果披针形。花果期夏秋季。

耐盐能力：可生长于海滨沙地，具有一定的耐盐性。

资源价值：秆叶可供盖草屋、作燃料；根状茎发达，且节上极易生根，扩增速度快，在海滨地区可以起到防风固沙的作用。

繁殖方式：可通过种子进行繁殖，也可以通过根状茎进行繁殖。

参考文献

曾汉元，张伍佰，刘光华，等，2013. 中国热带和亚热带地区能源草资源调查与初步筛选 [J]. 中国农学通报，29(20):135–141.

陈秀芝，2012. 长江口九段沙湿地盐沼植物群落生态特点研究 [D]. 上海：上海师范大学.

束尾草植株

20. 菅属

黄背草 [*Themeda japonica* (Willd.) Tanaka]

物种别名：菅草。

分类地位：被子植物门，单子叶植物纲，禾本目，禾本科，黍亚科，高粱族，菅亚族，菅属。

生境分布：生于山坡、草地、路旁、林缘等处。我国除新疆、青海、内蒙古等省区外，几乎均有分布。日本、朝鲜等亦有分布。

形态性状：多年生簇生草本，高 0.5~1.5 米；秆圆形，压扁或具棱，具光泽，黄白色或褐色，有时节处被白粉；叶片线形，顶部渐尖，中脉显著，背面常粉白色，边缘略卷曲，粗糙，叶鞘紧裹秆，背部具脊，通常生疣基硬毛，叶舌坚纸质，顶端钝圆，有睫毛；大型伪圆锥花序多回复出，由具佛焰苞的总状花序组成，总状花序由 7 小穗组成；下部总苞状小穗对轮生于一平面，雄性，长圆状披针形，第一颖背面上部常生瘤基毛；无柄小穗 1 枚，两性，基盘被褐色髯毛，颖革质，被短刚毛，小花的外稃芒长 3~6 厘米，1~2 回膝曲；颖果长圆形；有柄小穗较短，雄性或中性。花果期 6—12 月。

耐盐能力：可生长于海滨沙地，具有一定的耐盐性。

资源价值：良好牧草，以它为优势群落宜作割草场、放牧场；花序美丽奇特，秆部颜色别致，且耐盐、耐旱，可在园林中用作观赏植物。

繁殖方式：可通过种子进行繁殖。

参考文献

赵金辉，王奎玲，刘庆华，等，2009. 黄背草种子萌发特性研究 [J]. 西北农业学报，18(3): 245-248.

朱志诚，贾东林，1991. 陕北黄土高原黄背草群落生物量初步研究 [J]. 生态学报，11(2):117-123.

黄背草生境

黄背草植株

黄背草的花序

21. 香茅属

橘草 [*Cymbopogon goeringii* (Steud.)A. Camus]

分类地位：被子植物门，单子叶植物纲，禾本目，禾本科，香茅属。

生境分布：生于丘陵、山坡、草地、荒野和平原路旁。国内主要分布于河北、河南、山东、江苏、安徽、浙江、江西、福建、台湾、湖北、湖南。国外的日本和朝鲜也有分布。

形态性状：多年生草本，高 60~100 厘米；秆直立丛生，具 3~5 节，节下被白粉或微毛；叶片线形，扁平，顶端长渐尖成丝状，边缘微粗糙，叶鞘下部者聚集秆基，质地较厚，内面棕红色，老后向外反卷，上部者均短于其节间，叶舌两侧有三角形耳状物并下延为叶鞘边缘的膜质部分；伪圆锥花序狭窄，有间隔，具 1~2 回分枝；总状花序成对着生于总梗上，其下托以舟形佛焰苞，佛焰苞带紫色；无柄小穗两性，第一颖背部扁平，上部具宽翼，第二外稃具芒，芒从先端 2 裂齿间伸出，中部膝曲，雄蕊 3；颖果；有柄小穗无芒。花果期 7—10 月。

耐盐能力：可生长于海滨沙地及干旱贫瘠地区，具有一定的耐盐能力。

资源价值：茎叶可作饲料；橘草精油含有丰富的香茅醛和香叶醇，香茅醛可用于配制柑橘和樱桃类香精，香叶醇可作为各种香精中的调香原料和甜味剂；株型、花序美观，可供观赏。

繁殖方式：主要通过种子进行繁殖。

参考文献

丘雁玉，李飞飞，邓超宏，等，2009.广东省 3 种野生香茅属植物精油的化学成分及含量分析 [J]. 植物资源与环境学报，18(1): 48-51.

闫帮国，樊博，何光熊，等，2016.干热河谷草本植物生物量分配及其对环境因子的响应 [J]. 应用生态学报，27(10): 3173-3181.

橘草植株

橘草的花序

（二）莎草科

1. 莎草属

香附子（*Cyperus rotundus* L.）

物种别名：莎草、香头草。

分类地位：被子植物门，单子叶植物纲，鸭跖草亚纲，莎草目，莎草科，莎草族，莎草属。

生境分布：生于路边、荒地、山坡草丛、水边。我国大部分省区均有分布。广布于世界各地。

形态性状：多年生草本，高 15~95 厘米；有细长的根状茎和椭圆形块茎，地上茎（秆）稍细弱，锐三棱形；叶基生，较多，条形，短于秆，叶鞘棕色，常裂成纤维状；花序具 3~10 个辐射枝，苞片叶状，2~3 枚，常长于花序；每一辐射枝上有穗状花序（小穗）3~10，稍疏松排列，小穗线形，具 8~28 朵花；鳞片复瓦状排列，膜质，卵形或长圆状卵形，中间绿色，两侧紫红色或红棕色，雄蕊 3，柱头 3，伸出鳞片外；小坚果三棱形，长为鳞片的 1/3~2/5。花果期 5—11 月。

耐盐能力：能正常生长于盐碱土地，具有一定耐盐能力。

资源价值：家畜喜食，饲用价值较高；块茎入药，为香附子，抗菌抗炎、健胃，还可作妇科用药；能吸收水体中的 $H_2PO_4^-$、NH_4^+、NO_3^- 等离子，可用于富营养化水体的净化。

繁殖方式：通过种子或者根状茎进行繁殖。

参考文献

柳可久，1980. 形态素对香附子块茎发芽的作用及其在香附子体系内的传导性 [J]. 植物生理学报，6(4): 323–330.

唐艺璇，郑洁敏，楼莉萍，等，2011. 3 种挺水植物吸收水体 NH_4^+，NO_3^-，$H_2PO_4^-$ 的动力学特征比较 [J]. 中国生态农业学报，19(3): 614–618.

虞道耿，2012. 海南莎草科植物资源调查及饲用价值研究 [D]. 海口：海南大学.

香附子是滨海滩涂常见物种　　　　　　　香附子的花序

香附子群落

2. 薹草属

（1）筛草（*Carex kobomugi* Ohwi）

物种别名：沙钻苔草。

分类地位：被子植物门，单子叶植物纲，莎草目，莎草科，薹草亚科，薹草族，薹草属，二柱薹草亚属，筛草组。

生境分布：生于海滨、河边或湖边砂地。分布于我国的东北、山东、河北、江苏、浙江、福建等地的沿海沙滩地区。国外的俄罗斯、朝鲜、日本亦有分布。

形态特征：多年生草本，高 10~20 厘米；根状茎粗壮，外被黑褐色分裂成纤维状的叶鞘，地上茎（秆）极粗壮，钝三棱形，基部具细裂成纤维状的老叶鞘；叶丛生，革质，黄绿色，边缘锯齿状；雌雄异株，穗状花序，苞片叶状；雄花序长圆形，鳞片披针形至狭披针形，顶端渐狭成粗糙短尖，雄蕊 3，雌花序卵形至长圆形，鳞片卵形，顶端渐狭成芒尖，柱头 2，果囊先端有长喙，喙口具 2 尖齿；小坚果紧包于果囊中，长圆状倒卵形或长圆形，橄榄色。花果期 6—9 月。

耐盐能力：耐盐性强。

资源价值：可作饲料；果实含淀粉，可磨粉食用或酿酒；可作造纸原料、燃料、沼气原料、农田肥料等；筛草总黄酮对心血管病具有防治和保健作用；适应海风、海雾所带来的盐分胁迫和短期海潮造成的海浸，耐沙埋，是一种不可多得的滨海防风固沙先锋植物；返青早、色泽好、地下根状茎发达、耐践踏性强、生长持续时间长，可作为草坪资源。

繁殖方式：靠种子和根状茎进行繁殖。

参考文献

吉文丽，朱清科，李卫忠，等，2006. 苔草植物分类利用及物质循环研究进展 [J]. 草业科学，23(2): 15–21.

李双云，杨国良，庞彩红，等，2015. 山东砂质海岸筛草的分布及生物学特性研究 [J]. 山东林业科技，2: 23–26.

马万里，韩烈保，罗菊春，2001. 草坪植物的新资源——苔草属植物 [J]. 草业科学，18(2): 43–45.

海滩上的筛草群落

筛草是滨海沙生植被的主要建群物种

筛草的雌、雄花序

筛草的果穗

（2）糙叶薹草（*Carex scabrifolia* Steud.）

分类地位：被子植物门，单子叶植物纲，鸭跖草亚纲，莎草目，莎草科，薹草亚科，薹草族，薹草属，沼生薹草组。

生境分布：生于海滩沙地或沿海地区的湿地与田边。国内分布于辽宁、河北、山东、江苏、浙江等省。国外的俄罗斯、朝鲜和日本亦有分布。

形态性状：多年生草本，高 20~60 厘米；地下具细长根状茎，秆较细，三棱形，基部具红褐色的鞘，老叶鞘有时稍细裂成网状；叶条形，短于秆或上面的稍长于秆，质坚挺，中间具沟或边缘稍内卷，边缘粗糙，具较长的叶鞘；下面苞片呈叶状，长于花序，上面的苞片近鳞片状；穗状花序 3~5 个，上端的 2~3 个为雄花序，狭圆柱形，鳞片淡褐色，下面的 1~2 个为雌花序，长圆形或近卵形，具较密生的 10 余朵花，鳞片宽卵形，棕色，中间色淡；果囊长于鳞片，顶端的喙具两短齿；小坚果为果囊所包，钝三棱形。花果期 4—7 月。

耐盐能力：耐盐性强。

资源价值：抗逆性强，可用于盐沼湿地的绿化；植株纤维韧性强，可制绳索。

繁殖方式：可通过种子进行繁殖，也可通过地下根状茎进行繁殖。

参考文献

吴统贵，吴明，萧江华，2008. 杭州湾湿地不同演替阶段优势物种光合生理生态特性 [J]. 西北植物学报，28(8): 1683–1688.

钟青龙，戴文龙，项世亮，等，2016. 密度对三种莎草科植物克隆生长的影响 [J]. 生态科学，35(1): 1–9.

糙叶苔草是海滨沙生植被的重要建群物种

糙叶苔草的花序

3. 湖瓜草属

华湖瓜草 [*Lipocarpha chinensis* (Osbeck) Tang et Wang]

物种别名：湖瓜草、银花湖瓜草、华胡瓜草、华湖爪草、结湖瓜草、毛毡薼草、毛毡湖瓜草、钮草、野葱草。

分类地位：被子植物门，单子叶植物纲，鸭跖草亚纲，莎草目，莎草科，薼草亚科，薹割鸡芒族，湖瓜草属。

生境分布：生于水边和沼泽地，广泛分布于我国大部分省区。国外的日本、越南、印度亦有分布。

形态性状：一年生矮小草本，高 10~20 厘米；茎丛生，纤细，扁，具槽，被微柔毛；叶基生，纸质，狭线形，上端呈尾状渐尖，边缘内卷，叶鞘管状，抱茎，膜质；苞片叶状，2~3 片，呈尾状渐尖，穗状花序 2~4 个簇生，卵形，具多数鳞片和小穗，小穗具 2 片小鳞片和 1 朵两性花，小鳞片膜质，透明，雄蕊 2，柱头 3；小坚果小，三棱形，为小苞片所包。花果期 6—10 月。

耐盐能力：可在海边沙地生长，具有较强的耐盐性。

资源价值：可用于绿化。

繁殖方式：可通过种子进行繁殖。

参考文献

黄稼界，周劲松，陈红锋，2007. 深圳乡土地被植物调查及园林应用分析 [J]. 中国园林，9：81–84.

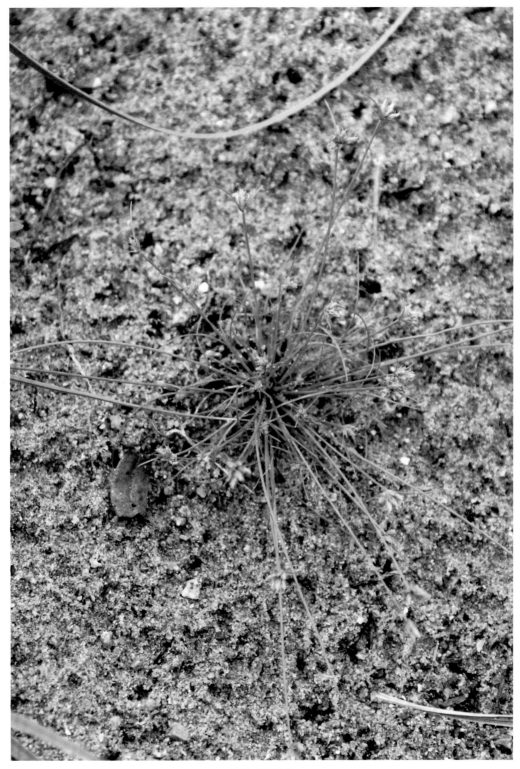

华湖瓜草植株

（三）鸭跖草科

鸭跖草属

饭包草（*Commelina bengalensis* L.）

物种别名：碧竹子、鸭跖草、淡竹叶等。

分类地位：植物界，被子植物门，单子叶植物纲，粉状胚乳目，鸭跖草亚目，鸭跖草科，鸭跖草属。

生境分布：喜温暖和湿润土壤，几乎在任何土壤、湿度都能生存，生于林下、路旁、沟旁等较潮湿处。分布于我国大部分省区。亚洲和非洲的热带、亚热带广布。

形态性状：多年生草本；具匍匐茎，稍肉质，多分枝，较长；单叶互生，有明显的叶柄，叶片卵形至阔卵形，先端钝，叶鞘口有疏而长的睫毛；总苞片与叶对生，漏斗状，花序下面一枝具 1~3 朵不孕花，上面一枝有数朵花，结实；萼片 3，膜质，花瓣 3，蓝色，能育雄蕊 3；蒴果藏于总苞片内，椭圆形；种子黑色。花果期 6—10 月。

耐盐能力：可生长于海滨沙滩，具有一定的耐盐能力。

资源价值：全草入药，为利尿消肿、清热解毒之良药。

繁殖方式：可通过种子进行繁殖，也可通过匍匐茎进行繁殖。

参考文献

何金铃，魏传芬，金银根，2011. 饭包草种子萌发过程中养分运输和消耗的细胞学过程初探 [J]. 激光生物学报，20(4): 536–540.

黄秀珍，邹秀红，2016. 泉州区域治疗泌尿系统疾病的野生中草药种类调查 [J]. 辽宁中医药大学学报，18(4): 48–52.

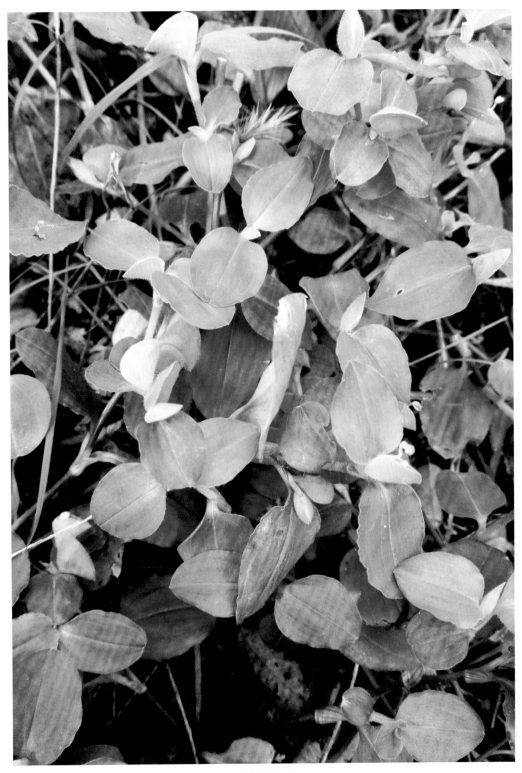

饭包草植株

（四）灯心草科

灯心草属

坚被灯心草（*Juncus tenuis* Willd.）

物种别名：灯心草。

分类地位：被子植物门，单子叶植物纲，灯心草目，田葱亚目，灯心草科，灯心草属。

生境分布：生于河旁、溪边、湿草地。分布于我国的黑龙江、山东、河南、浙江、江西等省。日本、欧洲等亦有分布。

形态性状：多年生草本，高 10~40 厘米；地下有短的根状茎，地上茎直立，较细，圆柱形或稍扁；叶基生，叶片细长线形，顶端锐尖，边缘向内卷，叶鞘边缘膜质；圆锥花序顶生，有 6~40 朵花，叶状总苞片 2 枚，花下小苞片 2 枚；花具梗，花被片披针形，内、外轮几乎等长，淡绿色，质地较坚硬，雄蕊 6，雌蕊 1，柱头 3 分叉；蒴果三棱状卵形，黄绿色；种子红褐色。花期 6—7 月，果期 8—9 月。

耐盐能力：可生长于海滨沙地，具有一定的耐盐能力。

资源价值：可作绿化植物。

繁殖方式：主要通过种子进行繁殖。

参考文献

吴国芳，1994. 中国灯心草属植物的研究 [J]. 植物分类学报，32(5): 433–466.

灯心草植株

灯心草的花序

（五）百合科

天门冬属

兴安天门冬（*Asparagus dauricus* Fisch.ex Link）

物种别名：药鸡豆。

分类地位：被子植物门，单子叶植物纲，百合目，百合亚目，百合科，天门冬族，天门冬属，天门冬亚属，天门冬组。

生境分布：生于沙丘、山坡、海滨沙地上。国内主要分布于东北、内蒙古、河北、山西、陕西、山东和江苏。国外的朝鲜、蒙古和俄罗斯亦有分布。

形态性状：直立草本，高 30~70 厘米；茎和分枝有条纹，叶状枝 1~6 枚成簇，通常全部斜立，和分枝形成锐角稍扁的圆柱形，略有几条不明显的钝棱；叶鳞片状，基部无刺；花单性，雌雄异株；常 2 朵腋生，黄绿色；雄花的花被长 3~5 毫米，雌花极小，花被长约 1.5 毫米；浆果直径 6~7 毫米，熟时红色。花期 5—6 月，果期 7—9 月。

耐盐能力：含盐量低于 0.2% 时，种子的萌发没有受到影响，含盐量高于 0.2% 时，种子的萌发率随盐浓度升高而降低。可生长于海滨沙地，具有一定的耐盐性。

资源价值：可以起到防风固沙的作用；具有一定的药用和园林绿化价值。

繁殖方式：主要通过种子进行繁殖。

参考文献

张萍，刘林德，赵建萍，等，2006. 滨旋花和兴安天门冬种子萌发特性的研究 [J]. 种子，25(11): 14–16.

徐杰，赵一之，2000. 蒙古高原天门冬属植物的分类研究 [J]. 中国草地，5: 10–17.

兴安天门冬植株

兴安天门冬的花序

兴安天门冬的果实

（六）鸢尾科

鸢尾属

马蔺 [*Iris lactea* Pall. var. *chinensis* (Fisch.) Koidz.]

物种别名：马莲、紫蓝草、兰花草、箭秆风、马兰、马兰花、旱蒲、蠡实、荔草、剧草、豕首、三坚、马韭。

分类地位：被子植物门，单子叶植物纲，百合目，鸢尾科，鸢尾属，白花马蔺。

生境分布：生于荒地、路旁、山坡草地，尤以过度放牧的盐碱化草场上生长较多。我国大部分省区均有分布。国外的朝鲜、俄罗斯、印度亦有分布。

形态性状：多年生密丛草本；根状茎粗壮，木质，外包有大量致密的红紫色残留叶鞘及毛发状的纤维；叶基生，坚韧，条形或狭剑形，顶端渐尖，基部鞘状，带红紫色，无明显的中脉；花茎自叶丛中抽出，花较大，浅蓝色、蓝色或蓝紫色；苞片 3~5 枚，绿色，边缘白色，内含 2~4 朵花；花被管很短，花被裂片有较深色的条纹，6 枚呈 2 轮排列，外轮较大，雄蕊 3；蒴果长椭圆状柱形，有 6 条明显的肋，顶端有短喙；种子棕褐色。花期5—6 月，果期 6—9 月。

耐盐能力：种子在含盐量 0.44% 条件下正常发芽；含盐量 0.51% 时，发芽率明显下降，含盐量达 0.75% 时，丧失发芽能力。萌发后的幼苗在土壤含盐量达 0.27%、pH 值＝7.9~8.8 的条件下仍能正常生长并开花结实，具有较强的耐盐能力。

资源价值：马蔺分布范围广、生态类型丰富，是鸢尾科中观赏价值最高的种类之一，可用于园林绿化；对铅等重金属具有耐受能力并进行富集，可作为重金属污染土壤的修复植物。

繁殖方式：可通过种子进行繁殖，也可通过分株的方式进行繁殖。

参考文献

白文波，李品芳，2005. 盐胁迫对马蔺生长及 K$^+$、Na$^+$ 吸收与运输的影响 [J]. 土壤，37(4): 415–420.

原海燕，郭智，黄苏珍，2011. Pb 污染对马蔺生长、体内重金属元素积累以及叶绿体超微结构的影响 [J]. 生态学报，31(12): 3350–3357.

张明轩，黄苏珍，绳仁立，等，2011. NaCl 胁迫对马蔺生长及生理生化指标的影响 [J]. 植物资源与环境学报，20(1): 46–52.

马蔺的生境

马蔺植株

马蔺的花